智能生产与服务网络体系研究

谭清美　王　磊　夏后学　著

科学出版社

北　京

内 容 简 介

智能生产与服务网络体系和智能产业元是江苏省决策咨询研究基地（江苏军民融合发展研究基地）首席专家、南京航空航天大学技术经济与创新管理研究所所长谭清美教授，在深入研究“工业 4.0”、“互联网+”和“中国制造 2025”战略基础上，融合产业经济和系统科学理论，提出的产业发展新理念。本书认为智能生产与服务网络体系是未来主流产业组织体系；智能产业元是智能生产与服务网络体系中的基本产业组织单元。本书提出并阐释了智能生产与服务网络体系和智能产业元的概念、存在形式、系统功能、运行机制、系统界壳和集成战略等；阐释了智能生产与服务网络体系、智能产业元和新型产业创新平台三者之间关系；研究了新型产业创新平台界壳体系和战略地图；提出了智能生产与服务网络体系中产业创新发展新模式；解析了智能生产与服务网络体系推动产业高端化转型升级实现机制。

本书适合从事技术经济学、产业创新管理等研究的人员阅读与参考。

图书在版编目（CIP）数据

智能生产与服务网络体系研究 / 谭清美，王磊，夏后学著. —北京：科学出版社，2021.3

ISBN 978-7-03-065204-1

Ⅰ. ①智… Ⅱ. ①谭… ② 王… ③夏… Ⅲ. ①智能制造系统-研究 Ⅳ. ①TH166

中国版本图书馆 CIP 数据核字（2020）第 086024 号

责任编辑：王丹妮 陶 璇 / 责任校对：杨 赛

责任印制：张 伟 / 封面设计：无极书装

科 学 出 版 社 出版

北京东黄城根北街 16 号

邮政编码：100717

http://www.sciencep.com

北京凌奇印刷有限责任公司 印刷

科学出版社发行 各地新华书店经销

*

2021 年 3 月第 一 版 开本：720×1000 B5

2022 年 5 月第二次印刷 印张：9

字数：185 000

定价：102.00 元

（如有印装质量问题，我社负责调换）

本书受国家社会科学基金重点项目“智能生产与服务网络体系中军民融合产业联盟运行机制研究”（编号：19AGL003）资助

前　　言

创新驱动发展是世界范围内产业发展的主流，如何推动创新是各国发展的焦点。传统产业是国民经济的基础和支柱，然而，在新时代背景下，传统产业面临创新能力、要素投入和发展环境等方面的瓶颈，特别是互联网产业和传统产业，几乎呈现相互分离发展的状态。随着大数据、人工智能、区块链等技术的迭代和应用，智能生产与服务网络体系将成为主流产业组织体系。建设智能生产与服务网络体系、智能产业元和新型产业创新平台是实现传统产业转型升级、占领世界产业发展制高点的必然选择。智能生产与服务网络体系、智能产业元和新型产业创新平台的研究，从产业组织体系、产业关键技术、产业功能体系和产业运行模式等方面，探索新兴产业发展和传统产业创新发展的路径和模式。智能生产与服务网络体系、智能产业元和新型产业创新平台的建设和发展是产业经济学新的研究对象。智能生产与服务网络体系是一个复杂系统，对其存在形式和系统结构需用系统工程学、界壳理论、控制理论来研究和诠释。

本书是江苏省决策咨询研究基地（江苏军民融合发展研究基地）首席专家、江苏省军民融合产业发展研究中心主任、南京航空航天大学技术经济与创新管理研究所所长谭清美教授团队的最新研究成果，是国家社会科学基金重点项目“智能生产与服务网络体系中军民融合产业联盟运行机制研究”（编号：19AGL003）、江苏省社会科学基金重大项目“江苏制造业转型升级与互联网新经济融合发展路径研究”（编号：16ZD008）和中央高校基本科研业务费专项“航空航天产业军民一体化发展战略研究”（编号：NJ2020043）的阶段性研究成果。书中提出了智能生产与服务网络体系和智能产业元的概念，阐释了智能生产与服务网络体系和智能产业元的存在形式、系统功能、运行机制、系统界壳和集成战略等，揭示了智能生产与服务网络体系、智能产业元和新型产业创新平台三者之间关系，研究了新型产业创新平台界壳体系和战略地图，提出了智能生产与服务网络体系背景下产业创新发展新模式，解析了智能生产与服务网络体系推动产业高端化转型升级实现机制。

本书分工如下：第一章（智能生产与服务网络体系和智能产业元）——谭清

美；第二章（智能生产与服务网络体系研究展望）——王磊、谭清美和陆菲菲；第三章（智能生产与服务网络体系中新型产业创新平台存在形式）——谭清美、房银海和王斌；第四章（智能生产与服务网络体系中新型产业创新平台职能及实现机制）——尹君、姜启波和谭清美；第五章（智能生产与服务网络体系中新型产业创新平台结构和运行机制）——姜启波、尹君和谭清美；第六章（基于演化博弈的新型产业创新平台领导策略）——房银海、谭清美；第七章（智能生产与服务网络体系中新型产业创新平台利益分配机制——基于灰数运算的Shapley值模型）——王磊、谭清美；第八章（智能生产与服务网络体系中的装备制造业高端化创新平台）——夏后学、谭清美和王斌；第九章（智能产业元驱动产业高端化机制）——谭清美、王磊和夏后学；第十章（无人机产业创新平台及运行机制）——谭清美、张云涛和王磊；第十一章（智能生产与服务网络体系中新型产业创新平台网络界壳和网络效应）——谭清美、王磊；第十二章（智能生产与服务网络体系中新型产业创新平台战略地图）——王磊、谭清美。全书由谭清美教授设计框架并统稿。

2020年1月

目　　录

第一章　智能生产与服务网络体系和智能产业元[1]

人类社会经历了以蒸汽为动力的机械化作为标志的第一次产业革命（始于 18 世纪 60 年代）、以电能为动力的大规模（分工）生产作为标志的第二次产业革命（始于 19 世纪 60 年代后期）和以由电子与信息技术支撑的自动化为标志的第三次产业革命（始于 20 世纪四五十年代）之后，正逐步向以互联网为基础、以智能生产与服务为标志的第四次产业革命迈进。恰在此时，我国经济发展进入新常态，面临着经济下行压力和供给侧结构性改革的使命。从产业层面讲，需要变革产业组织形式和产业创新体系。

第一节　智能生产与服务网络体系

智能生产与服务网络体系，是以互联网为基础、以网络信息技术为支撑、以智能生产和智能服务为价值创造形式的开放的产业组织体系。这是一个“实体网络体系”，是人类新经济形态中创新链、产业链和价值链的载体。不能简单地认为它是一个“服务于生产的互联网”，也不能认为它是“企业依托互联网和数字技术形成的新型协作网络”。随着工业 4.0 和“互联网+”的兴起，生产与服务正趋于智能化、网络化、全球化。产业将以智能技术系统和物联网及服务为基础，形成智能生产与服务网络体系。随着第四次产业革命的深入，智能生产与服务网络体系将成为主流产业组织体系。随着信息技术和信息产业的发展，未来生产与服务的界限将越来越模糊。智能生产与服务网络体系中包含生产和服务，这个“服务”包括生产性服务和生活性服务。

智能生产与服务网络体系由智能生产与服务组织体系、科学技术支撑体系、信息感知与传输体系、基础设施支撑体系、技术标准与规范体系、契约与行为规则体系构成。智能生产与服务组织体系是指智能生产与服务网络体系中相关产业单元（智能产业元）的组织系统（人才系统）构成的动态的产业人才体系。科学技术支撑体系是指智能生产与服务网络体系中产业关键科学技术、辅助生产、服务技术研发和应用职能构成的动态产业科技职能体系。信息感知与传输体系是指智能生产与服务网络体系中，捕捉、感知和传输生产与服务相关信息的软件（包括信息传递协议、规则和机制等）和硬件（网络设施和信息装备等）构成的网络体系。基础设施支撑体系是指智能生产与服务网络体系中支撑生产与服务的各类基础设施（尤其是互联网、物联网等）构成的网络体系①。技术标准与规范体系是指智能生产与服务网络体系中，生产过程和服务活动中遵循的技术标准和技术规范构成的技术规范体系。契约与行为规则体系是指智能生产与服务网络体系中，生产过程和服务活动中执行和遵循的公约、合约、法律、法规、政策、习俗等构成的行为规范体系。

互联网是智能生产与服务网络体系的重要“基础设施”，它为智能生产与服务网络体系中创新链（网）、产业链（网）和价值链（网）向全球延伸创造条件。或者说，以互联网为基础，智能生产与服务网络体系趋向于产业全球一体化。因此，智能生产与服务网络体系是无国界产业网络体系。需要说明，智能生产与服务网络体系不仅具有智能化、网络化、全球化特征，更具有价值性、功能性②、效用性等产业经济性质。或者说，智能生产与服务网络体系不仅仅是一张互联网、物联网，更是一张价值网、功能网、效用网。

作为智能生产与服务网络体系“基础设施”的互联网，具有公共品性质。因此，政府作为公共品的提供者，应对互联网的建设和维护提供支持和帮助。另外，互联网本身就是一个产业，要按照产业的规则运行与发展。

第二节 智能产业元

在一定的发展阶段和产业领域，人们主张企业通过参与各种“平台”——知识平台、技术平台、信息平台或服务平台等，获得信息、技术或服务，共享资源、分享利益。或者，产、学、研之间在政府部门支持下形成“联盟”或“联合体”，从而减少成本，获得超额利益。这些“平台”“联盟”“联合体”产生的背景，是目前经互联网“改造”的“半传统”产业体系。未来，面对“工业4.0”

① 实际上，在智能生产与服务网络体系中，互联网既是信息感知与传输体系的组成部分，又是基础设施支撑体系的组成部分。

② 这里的“功能”，是指生产与服务功能。

和“互联网+”背景下的智能生产与服务网络体系，企业应考虑如何融入其中。

在“互联网+”的驱动下，产业关键技术、生产方式和商业模式将发生根本性变革，需要传统企业脱胎换骨；这些各式各样的“平台”、“联盟”或“联合体”需要升级换代。生产和服务的个性化、智能化、模块化、即时化，决定了在智能生产与服务网络体系中，企业不可能成为孤立的一分子，也不能以参与“平台”、“联盟”或“联合体”的形式存在，而必须按照产业创新链（网）、产业价值链（网）的逻辑，在智能生产与服务网络体系中联合起来，形成一个“神经元”（可称之为“智能产业元”），从而在智能生产与服务网络体系中得以生存和发展。

“工业 4.0”和“互联网+”背景下，智能生产与服务网络体系是全球产业的存在形式，智能产业元是智能生产与服务网络体系中的“神经元”，是基本产业发展单元。与智能生产与服务网络体系相对应，智能产业元有其系统构成、特征和职能、形成过程和运作模式。

一、智能产业元的系统构成

对应于智能生产与服务网络体系，智能产业元的系统[①]构成，即其价值创造和支撑系统，主要包括智能生产与服务组织系统、科学技术支撑系统、信息感知与传输系统、基础设施支撑系统、技术标准与规范系统、契约与行为规则系统。智能生产与服务组织系统是指构成智能产业元的行为主体（一般包括产业链上下游企业、研发机构、信息服务机构等）的柔性人才系统。科学技术支撑系统是指由构成智能产业元行为主体的科学技术研发和应用职能构成的动态科技职能系统。信息感知与传输系统是指智能产业元捕捉、感知和传输生产与服务相关信息的软件（包括信息传递协议、规则和机制等）和硬件（网络设施和信息装备等）构成的网络系统。基础设施支撑系统是指智能产业元的各类软硬基础设施（尤其是互联网、物联网等）构成的网络系统。技术标准与规范系统是指智能产业元在生产过程和服务活动中遵循的技术标准和规范构成的技术规范系统。契约与行为规则系统是指智能产业元在生产过程和服务活动中执行和遵循的公约、合约、法律、法规、政策、习俗等构成的行为规范系统。

在智能产业元的构成系统中，政府的职能是一个重要组成部分，主要体现在公共基础设施和行为规则的提供方面。

---

① 在智能生产与服务网络体系和智能产业元研究中认为，体系（system of systems）是由多个系统（system）或复杂系统（complex system）组合而成的大系统。体系中的系统是可以独立运行的；系统如果缺少了其中的组成部分，则无法运行。

二、智能产业元的特征和职能

作为智能生产与服务网络体系中的一个“神经元”，智能产业元是一个开放的动态网络系统。它具有智能生产与服务网络体系的主要特征和性质，包括智能化、网络化、国际化、价值化、功能化、效用化、动态性、开放性等。另外，智能产业元的一个显著特征是具有一个“核”，即提出创新性和系统性价值主张的主导者（一般是具有远见卓识的企业家及其团队）。

传统产业平台“镶嵌”在传统产业组织体系之中；智能产业元则是与智能生产与服务网络体系相互“交融”。智能产业元比“产业联盟”“联合体”等模式更具有长期性和稳定性。智能产业元的职能不再仅仅是管理和信息服务，更本质的是功能网络集成、价值网络集成和全程价值链供给。功能网络集成是指智能产业元将与之关联的创新网络、供应网络、生产网络、销售网络、物流网络和消费者网络的载体功能，以及生产功能、服务功能、产品功能、模块功能等，集成于智能产业元系统，形成功能系统。这个功能系统承载着需求者（客户）的效用或使用价值。价值网络集成是指智能产业元将其系统内创新价值、资源价值、生产价值、商业价值、空间价值和服务价值等有效集成于智能产业元系统，形成价值系统，并通过价值核聚效应产生倍增价值效应。这个价值系统体现着各行为主体获得的价值。全程价值链供给是指智能产业元沿着创新链、产业链和价值链，将研发、生产和服务等行为主体创造的价值“传递”给研发、生产、销售和服务等各环节的需求者直至最终消费者的行为和全过程。全程价值链供给实质上是包含智能产业元系统全价值链各环节的价值实现过程。智能产业元的主导者提出创新性和系统性价值主张，对智能产业元的运行和价值创造起关键作用。智能产业元的开放性和动态性决定了它具备“新陈代谢”功能，即智能产业元的智能生产与服务功能网络集成、价值网络集成等职能是通过市场机制实现的。

三、智能产业元的形成过程

首先，由具有远见卓识的企业家及其团队，以互联网为基础，融合科学原理、关键技术和商业模式，提出创新性和系统性价值主张，设计创新链、关键技术链、产业功能链和产业价值链。这些企业家及其团队就是智能产业元的“核”（掌握智能产业元的“领导权”）。创新性和系统性价值主张对智能产业元存在起决定性作用。这些企业家及其团队成员可能同时是科学家或技术专家。团队构成满足相关科学原理、关键技术和商业模式的要求。

其次，沿着该创新链和产业链，相关企业或组织通过市场竞争向智能产业元提供智能生产与服务功能和价值（供其集成和组合），从而加入智能产业元，成为其组成部分。在“工业 4.0”和“互联网+”背景下，这些企业或组织没有空间或国籍的界限，只受技术标准与规范体系、契约与行为规则体系的约束。

再次，在市场机制和政府规制的约束下，提出创新性和系统性价值主张的企业家及其团队主导确立智能产业元利益分配机制。

最后，政府按照法律法规和政策，对智能产业元的形成和运行进行相应的规制和服务，并为企业或组织的相关国际技术经济利益提供保护。

另外，智能产业元是无国界的。企业能否成为智能产业元的“核”、掌握智能产业元的“领导权”，还是一个国际竞争问题。

四、智能产业元的运行模式

以智能产业元为基本单元组成的智能生产与服务网络体系，以智能技术体系和物联网及服务为基础，为实现产业功能网络集成、价值网络集成和全程价值链供给提供支撑和依托。未来，智能生产与服务网络体系将成为主流产业组织体系。在智能生产与服务网络体系中，单个行为主体（如企业、研发机构、服务机构）不再孤立存在，而是在智能生产与服务网络体系中联合起来，形成一个个“神经元”，即智能产业元。

显然，智能产业元不同于沿袭至今的各式各样的传统“平台”、“联盟”或“联合体”，而是一个基于智能生产与服务网络体系的产业组织系统，是一个网络系统。作为智能生产与服务网络体系中的“神经元”，智能产业元的运行遵从开放的动态性系统运行模式。在智能生产与服务网络体系中，智能产业元通过功能网络集成、价值网络集成和全程价值链供给实现价值创造。智能产业元的开放性和动态性，决定了它具备“新陈代谢”功能。若智能产业元的某行为主体（企业或组织）失去了向智能产业元提供有效功能和有效价值的能力，它就会被智能产业元淘汰，被新的行为主体取代。

五、对传统产业的建议

传统产业发展的方向是转型升级、更新换代。这需要借助于互联网，靠“互联网+”驱动。“互联网+”背景下，传统产业发展的根本问题是如何融入智能生产与服务网络体系。融入智能生产与服务网络体系的根本途径是创建或加入智能产业元。

鉴于我国互联网产业与传统产业相对分离的现实，首先需要思考“互联网+”或“+互联网”的问题。“互联网+”，是指传统产业把自己加到“互联网”里去。“+互联网”，是指传统产业引入“互联网”。

互联网是一个庞大的基础设施，其发展需要高端人才、知识、技术和资金的巨量投入，这是其属性之一。因此，“传统产业+互联网”很难实现。目前，传统企业成为智能产业元的一分子，融入智能生产与服务网络体系的有效途径是“互联网+传统产业”。

通过“互联网+”驱动产业关键技术升级、驱动商业模式变革、驱动智能产业元的创建和发展，是去产能、去杠杆、去库存、降成本、补短板的重要途径，是政府应有的政策取向。

第三节 智能生产与服务网络体系、智能产业元和新型产业创新平台三者之间的关系

如前所述，智能生产与服务网络体系，是由智能生产与服务组织体系、科学技术支撑体系、信息感知与传输体系、基础设施支撑体系、技术标准与规范体系、契约与行为规则体系构成的产业网络体系。智能生产与服务网络体系是未来主流产业组织体系。智能生产与服务网络体系的属性由科学技术发展水平、经济全球化和人类经济社会发展的历史阶段决定，在极大程度上是“不以人的意志为转移”的。

智能生产与服务网络体系是产业体系；智能产业元是智能生产与服务网络体系中可以独立运行的产业系统。智能产业元是智能生产与服务网络体系中的“神经元”，是基本产业发展单元。在智能生产与服务网络体系中，智能产业元通过功能网络集成、价值网络集成和全程价值链供给实现价值创造。每一个智能产业元都是智能生产与服务网络体系中的一个网络系统、一个功能系统、一个价值创造系统。在未来全球网络化世界里，智能生产与服务网络体系是一个客观存在。在智能生产与服务网络体系中单个行为主体（如企业、研发机构、服务机构）独立于其他行为主体而存在的机会和可能几乎不存在。行为主体必须按照创新链、产业链、功能链和价值链的逻辑，在智能生产与服务网络体系中形成智能产业元，以求生存和发展。

为了高效发展产业经济和区域经济，往往由地方政府职能部门主导建立产业创新平台，如产业孵化器、产业开发区等，为便于陈述，本书称这类产业创新平台为“传统产业创新平台”。在智能生产与服务网络体系中建立的产业创新平台，我们称为“新型产业创新平台”。新型产业创新平台的构成、结构、属性、职能和机制都不同于传统产业创新平台。新型产业创新平台应该具备智能生产与

服务网络体系的所有属性和特征，但其中的政府行政和服务职能作用明显加强（特别是在基础设施和政策规制方面）。或者说，新型产业创新平台是智能生产与服务网络体系中由政府职能部门或产业部门主导建立的“智能生产与服务网络平台”。网络化、智能化、半公共性、相对稳定性是新型产业创新平台的重要特征和性质。“半公共性”或者“部分公共性”指新型产业创新平台在公共基础设施、制度规范、公共政策和公共服务等方面是公共性的；而其他经济行为都是非公共性的。“相对稳定性”指新型产业创新平台是动态的、发展变化的，但相比于智能产业元，它具有更强的稳定性。半公共性和相对稳定性是由新型产业创新平台中的政府职能部门和产业部门的行政和服务职能决定的。为了在智能生产与服务网络体系中取得重要地位，也就是在国际产业分工和发展中取得重要地位，新型产业创新平台需要积极参与甚至主导智能生产与服务网络体系建设，努力争取在这个体系中的话语权。智能产业元也是如此。

在智能生产与服务网络体系中，智能产业元是基本运行单元；为了更为方便有效地共享资源、提高效率和效益，智能产业元可以加入新型产业创新平台，或者说搭新型产业创新平台的“便车”；反过来，为了取得集聚效应和效益，新型产业创新平台的主导者需要把更多的智能产业元吸纳到新型产业创新平台上来。在智能生产与服务网络体系中建立智能产业元是行为主体（企业、研发机构、服务机构）成为全球产业主导者的根本战略途径。借助新型产业创新平台，是智能产业元争取成为全球产业主导者的重要策略。如果新型产业创新平台主打一个产业，或者说新型产业创新平台主要只打造一个智能产业元，则新型产业创新平台等于智能产业元。

新型产业创新平台是一个开放的平台。新型产业创新平台的开放性体现在两个方面：一是向智能产业元开放，向产业创新行为主体开放；二是它自身是一个开放的动态网络体系，其“网络神经”通向智能生产与服务网络体系，通向相关联的全球创新链、产业链、功能链和价值链。这是新型产业创新平台与传统产业创新平台的重要区别之处。

智能生产与服务网络体系的属性对智能产业元的属性和新型产业创新平台的属性起着决定性作用。智能生产与服务网络体系是一个产业全球网络体系，其空间辐射范围可以遍及全球；相应地，智能产业元的空间辐射范围也是全球化的。新型产业创新平台是开放性的，其经济职能也是可以通向全球的。但是，新型产业创新平台中的行政和服务职能的空间辐射范围往往有限，一般在某个区域范围。在智能生产与服务网络体系中建立新型产业创新平台，是抢占全球产业制高点的重要战略措施和手段。

第四节 本 章 小 结

本章提出了智能生产与服务网络体系、智能产业元和新型产业创新平台的概念并对其进行了诠释。这里的“智能”是广义的概念，强调未来整个产业体系是智能化的。鉴于此，互联网和大数据等都是智能生产与服务网络体系的基础和支撑。本章详细阐明了智能生产与服务网络体系和智能产业元的构成、职能、特征和性质，阐述了智能产业元的形成过程和运行模式，阐明了智能生产与服务网络体系、智能产业元和新型产业创新平台的关系。

智能生产与服务网络体系、智能产业元概念和新型产业创新平台，是在产业经济学与系统科学交叉融合的基础上提出的，有待于深入研究。需要特别强调的是，在智能生产与服务网络体系中，如果新型产业创新平台专注于某一产业，则新型产业创新平台更像是一个智能产业元。因此，在本书后续大部分章节中，更多地讨论新型产业创新平台。

参 考 文 献

[1] 谭清美. 产业互联网中的智能产业元[N]. 中国社会科学报，2016-09-21.

第二章　智能生产与服务网络体系研究展望

创新驱动发展是全球范围内产业发展的主流。随着“工业4.0”兴起，产业将以智能技术系统和物联网及服务为基础形成智能生产与服务网络体系。在智能生产与服务网络条件下，产业转型升级须依托新型产业创新平台。与传统产业平台相比，智能生产与服务网络体系中的新型产业创新平台具有新的存在形式、结构和职能等。智能生产与服务网络体系中的新型产业创新平台是一个动态的价值创造系统。建立新型产业创新平台，可以实现传统产业功能网络集成、价值网络集成和全程价值链供给，是解决产业结构矛盾的根本途径。新型产业创新平台是由产业关键技术决定的产业链（网）上相关实体构成的自适应产业组织系统，它以产业科技创新为引擎，驱动产业新兴和演化。

建立智能生产与服务网络条件下新型产业创新平台，无疑是推动产业创新发展的重要途径。然而，如何建设智能生产与服务网络体系及新型产业创新平台，如何将产业创新要素深度融合到智能生产与服务网络体系之中，是需要深入研究的重大现实问题。为了开展深入研究，须梳理国内外产业创新相关研究，厘清智能生产与服务网络体系发展沿革，进一步阐释智能生产与服务网络体系这一全新概念的深刻内涵。

第一节　国内外产业创新相关研究综述

一、国外产业创新相关研究

创新理论鼻祖 Schumpeter 认为社会经济发展是创新带来的结果[1]。这一观点引起西方学术界广泛关注。随着创新带来新知识的积累与溢出，“知识平台”

的思想孕育而生，有学者认为知识在各层面实现积累，而当多个知识层面相互交叉时，会形成新的知识，即知识上升到“知识平台”的新高度[2]。“知识平台”的概念在 19 世纪 90 年代广泛应用于生产制造业企业中，继而发展成“产品平台”。产品平台被认为是一种用于产品设计与研发的“知识平台”。利用平台共享的资源和“模块化”设计，可提高产品创新研发效率、节约产品创新研发成本，特别是可以利用有限的资源生产大量衍生产品，并可以灵活设计产品功能[3，4]。这种“产品平台”属于微观意义的“创新平台”，适用于某个公司或企业的产品研发创新。

社会经济的进步带来社会总需求的增长，企业生产活动则需前伸和后延以扩大生产，于是形成了供应链。单个企业的“产品平台”显然不能适应由多个企业或公司组成的供应链模式。因此，“产品平台”逐渐升级为“供应链平台”。“供应链平台”在供应链的背景下将“产品平台”的概念延伸到供应链上的每个企业，是由界面、接口与子系统组成的一套整体结构。它可使相关的衍生产品由商业合作伙伴沿供应链上下游被有效开发和生产。“供应链平台”也可以是产业合作联盟的一个组成部分，往往表现为一定数量的企业之间交叉持股，或在供应商之间分享复杂产品的生产基础和核心技术等[5]。除此之外，“供应链平台”的相关研究还包括航空航天产业供应链平台研究[6]和模块化供应链中增值活动转移研究[7]等。

在“供应链平台”发展的过程中，也产生了相应的问题与矛盾，供应链过度外包会造成知识流失，并带来潜在的负面后果[8]；再加上商业企业规模的扩大和业务的多样化发展，传统供应链平台逐渐不能满足企业合作创新的需要[9]。因此，需要建设规模更大、功能更多、结构更复杂的平台——“产业平台”。“供应链平台”和“产业平台”之间的一个关键区别是，在“产业平台”中开发的互补产品不一定在平台内部企业之间交易，不一定隶属于同一个供应链，也不一定相互交叉持股[10]。因此，“产业平台”由一个或多个企业开发而成，是集成生产、服务或技术的平台，为其他公司提供互补的产品、服务或技术。最早形成“产业平台”的是计算机产业、电信产业，以及其他信息技术密集型产业[11，12]。

“产业平台”的主要功能是实现公司或企业的管理和知识、技术等的创新[12]，然而，西方学术界长时间没有将这些具有创新功能的平台冠以创新的定语。真正首次明确提出“创新平台”这一概念的是美国竞争力委员会。该委员会定义“创新平台”为创新基础设施、创新人才、前沿研究成果等要素的可获得性，以及促进科技成果转化的法规、会计、资本等条件的形成，使创新主体能收回其投资的市场准入和知识产权保护[13]。“创新平台”由一系列具有不同背景的角色组成，在一个特定的领域或就特定的问题，讨论和解决面临的机遇和挑战[14]。平台中各利益相关者可以确定常见问题的解决方案及共同的奋斗目标[15]。

“产业结构”与“创新平台”的概念结合起来，可以形成特定产业的“产业创新平台”，由该具体行业内规模最大的一个或几个企业作为平台的领导企业；如果是政府牵头建设的“产业创新平台”，政府在必要时可以作为平台的领导者参与其中[16]。相关成功案例有制药业创新平台[17]、农业创新平台[18~22]等。但是，特定产业的“产业创新平台”往往局限于该特定产业之中，通用性不强，借鉴意义不大。于是需要将“创新平台”置于更大的产业背景中，促进平台自身的不断进化升级，即“产业创新体系”，它具有内置张力，介于“探索”和“开发”之间，在该体系中，“创新平台”的作用是激发现状的转变；对“产业创新体系”中“探索”和“开发”两个主要过程进行交叉管理[23]。因此，“产业创新体系”中，最为关键的方面就是“创新平台”。

德国于 2013 年提出具有跨时代意义的产业创新体系战略——“工业 4.0”战略，其两大主题分别是“智慧工厂”和“智能生产”。其中，“智慧工厂”重点研究智能化生产系统及过程，以及网络化分布式生产设施的实现；“智能生产”重点研究智能物流、人机互动、物联网、3D 打印、增材制造等技术在制造业领域的应用[24]。之后，森德勒提出将“智能物流”从“智能生产”分离出来，作为“工业 4.0”战略第三大主题。“工业 4.0”战略目标将“物联网”“大数据”“智能工厂”“虚拟现实”“3D 技术”等融入现实生产活动，通过互联网实现所有生产车间和工作流程的自动化和优化[25]。

二、国内产业创新相关研究

虽然创新的概念由西方学者提出，但是中国的创新思想及应用由来已久，并伴随着中国经济社会的发展不断进步。中国历史上的诗词典籍和经典著作中，记载了许多创新思想，如“周虽旧邦，其命维新”（《诗经》）、“终日乾乾，与时偕行”（《周易·乾·文言》）、“日新之谓盛德”（《周易·系辞上》）、“穷则变，变则通，通则久”（《周易·系辞下》）、“苟日新，日日新，又日新”（《礼记·大学》）、“请君莫奏前朝曲，听唱新翻杨柳枝”（唐·刘禹锡《杨柳枝词九首》之一）、“不日新者必日退”（宋·程颢、程颐《二程集·河南程氏遗书》）、“删繁就简三秋树，领异标新二月花”（清·郑板桥《题书斋联》）、“满眼生机转化钧，天工人巧日争新”（清·赵翼《论诗五绝》）、“德贵日新”（清·康有为《论语注》卷九）、“惟进取也故日新”（清·梁启超《少年中国说》）等。

由中国历史典故可知，中国古人的创新一般运用于自我提高、改革变法等，鲜用于生产，即使有，也顶多是生产工具的小规模创新。其主要原因是，中国在改革开放前属于农业大国，传统农业生产模式按部就班，即使改革开放后逐步向工业大国转型，产业结构也是以劳动密集型产业为主，生产思维束缚，创新空间狭小，工业革命之类大规模颠覆式创新在中国难以实现。直到近些年，中国产业结构进行转型升级，以创新驱动增长的模式才得以实施。因此，中国创新思维在工业领域较晚于西方国家也属正常。

在中国学术文献网络数据库中搜索发现，关键词为“创新”的论文始于 1983 年，出自王伯敏教授，他将“创新”用于艺术创作，强调艺术创新不能脱离实际，需以传统为基础[26]。随后产生了一批与“创新”相关的文献，主要研究创新能力、创新教育、创新意识、创新思维、创新精神、创新管理等，代表作者有许庆瑞、吴贵生、柳卸林、张宗益、穆荣平、陈劲等。

关键词为“产业创新”的论文始于 1989 年，但多数是关于某个具体产业领域的创新，研究比较具体和主观，没有形成统一的观点和标准。直至 1997 年，才出现“产业创新”的概念，并将其理论运用于金融创新[27]。此后，中国大部分与“产业创新”相关的论文主要聚焦产品创新、知识创新、自主创新、创新战略的研究。例如，胡树华教授从 5 个不同的角度总结了国外“产品创新”的研究情况，以及中国学者在 20 世纪 80 年代的相关研究[28]。之后，“产业创新”理论在中国各产业领域不断深化，形成诸多观点但依然不统一，甚至出现矛盾。因此，吴贵生等基于结构化程序与方法，考察 1995~2004 年国内产品创新管理相关研究[29]；再基于“企业资源观理论”及产品创新行为特点，分别指出产品创新管理研究发展导向及其战略导向，并提出相对规范的概念框架[30]。信息化时代的到来为创新提供了新的平台，芮明杰和陈晓静于 2006 年提出依托网络信息技术建设“知识创新平台”，服务知识创新[31]。由于中国获取国外技术创新的代价大、途径难，加之为国家安全着想，雷家骕教授呼吁中国产业开展自主创新[32]。与此同时，刘国新和李兴文从自主创新“能力”与“内涵”两个维度，阐述其未来发展趋势[33]。随着技术预见的兴起，万劲波和张琳将创新发展预见整合为战略预见，研究产业创新战略预见的内涵和理念[34]。

关键词为“产业创新平台”的论文始于 2002 年，且均是具体产业的产业创新平台，如动漫产业平台[35]、汽车产业平台[36]、医药产业平台[37]、战略性新兴产业平台[38]、军民融合产业平台[39]等。主要从某一特定产业的相关知识、核心技术、产品信息、配套服务等层面，研究其体制、机制。通过对比不同产业之间的创新平台可以发现，任何产业领域的企业都是通过本领域的产业创新平台共享创新资源，分享创新收益。因此，此类产业创新平台只能服务于其对应的产业，不具备普遍性和通用性。许正中和高常水于 2010 年首次定义了具有通用性的“产业创新平台”的概念。与具体产业的创新平台不同，他们认为，“产业创新平台”可以催生先导产业集群，服务区域经济发展，它被定义为“创新要素集成并引起产业变革，导致创新成果外溢及产业化的系统性形态”[40]。王斌和谭清美对“产业创新平台”做了进一步研究，将其划分为6个子平台[41]，从组织结构、外围支撑、规制、环境等视角建设其框架，分析其结构、功能、机理，构建其评价指标体系，并设计各级指标分值及权重[42]。从中国知网可见，前些年研究“通用”的“产业创新平台”的文献相对集中地出自少数科研团队（如许正中教授团队和谭清美教授团队等），研究主题涉及“产业创新平台”的组织结构、运行机制、评价体系、政策设计等层面。但是，产业创新平台如何嵌入中国经济产业结构中，并最终实现中国产业结构转型升级，这一重大现实问题前期没有得到解决。

为了解决这一问题，谭清美教授团队着眼于“工业 4.0”、“互联网+”和“中国制造 2025”战略，对产业创新平台开展了进一步研究。谭清美等认为“产业创新平台”未来可通过与“信息物理系统”（cyber-physical system）深度融合，其结构和功能将发生跨越式变化，形成以智能决策、智能设计、智能生产、智能控制和智能服务等为内容的“智能生产力”，并提出“智能生产与服务网络体系中新型产业创新平台”的概念及其存在形式[43]。

三、国内外相关研究的进一步评述

（一）国外相关研究

国外产业创新理论研究与运用早于国内，是其特定的历史时期和经济结构所决定的。随着国外“工业4.0”战略的兴起，西方制造业强国大力发展“智能生产系统”和“智慧工厂”。这些“智能生产系统”和“智能工厂”是“工业4.0”战略背景下西方国家的产业创新平台和构成单位。国外产业创新平台的研究大多针对具体的产业，其发展源于创新理论在各产业领域的运用。创新元素不断积累交叉产生新的知识，形成“知识平台”。“知识平台”的发展有两条路径，一是“知识平台”在产品研发领域的运用，形成“产品平台”，进而依次形成“供应链平台”、“产业平台”、“工业4.0”背景下的“产业创新平台”；二是知识平台在创新领域的运用形成“创新平台”，进而在具体的某个产业领域运用，最终形成“工业 4.0”背景下的“产业创新平台”。国外产业创新平台发展路径如图 2-1 所示。

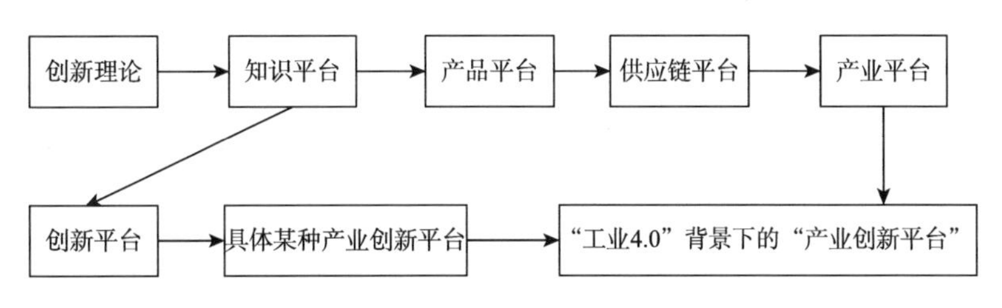

图 2-1　国外产业创新平台发展路径

（二）国内相关研究

国内创新思想自古就已形成，但在产业领域，尤其是近代工业领域的运用远落后于西方。因此，国内产业创新平台的发展源于国外“产业创新”相关研究的引入。由于国内外经济体制的不同，国内学者和产业部门结合中国产业结构现状，形成了一套具有中国产业特色的产业创新理论并运用于国内各个产业，形成各类产业创新平台。但是，此类产业创新平台不具备通用性。为了统一概念，国内学者最先定义了“产业创新平台”。随着“中国制造 2025”战略的出台，借鉴“工业 4.0”和“互联网+”战略，又产生了“智能生产与服务网络体系中新型产业创新平台”的概念。国内产业创新平台发展路径如图 2-2 所示。

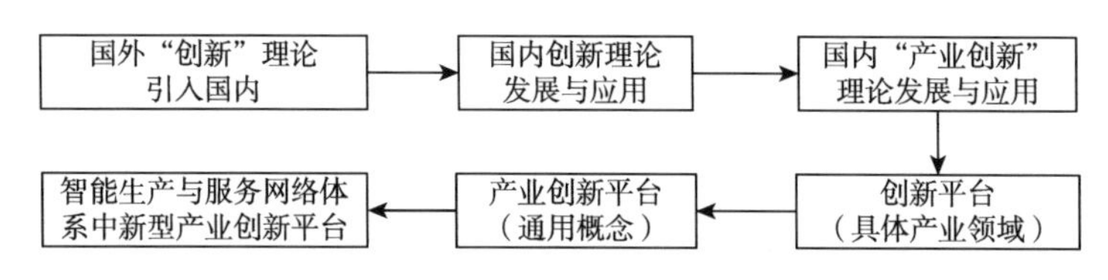

图 2-2 国内产业创新平台发展路径

（三）国内外文献小结

国内外学者针对产业创新平台的研究虽然路径不同，但殊途同归，以创新驱动发展成为国内外研究的共识。无论从理论层面还是实践层面，国外对创新、产业创新、创新平台的研究和应用都要早于国内。然而，随着第四次产业革命的兴起，中国产业创新领域的研究不断突破，并形成适应产业发展的理论体系。西方国家产业创新战略由国家提出，各行业龙头企业主导实施，实施力度较为分散，且企业的力量相对薄弱。与西方国家相比，中国的产业创新具有独特的优势。中国产业创新战略由国家提出，也由国家推动实施，力量集中，实力雄厚，只要把握好发展方向，在第四次产业革命中实现跨越式超越是可能的、可行的。“新型产业创新平台”的全新概念由国内学者首先提出并开展研究。这一点也印证，中国产业创新正在努力追赶并有望实现超越。

第二节 产业创新平台发展趋势及研究展望

一、产业创新平台促进产业升级途径

今后一段时期，推动全球产业创新的重点在于“互联网+”和“工业 4.0”

战略。随着生产与服务不断智能化、网络化，全球范围内智能生产与服务网络体系将逐步建立。全球产业创新路径将以“互联网+生产和服务”为主流模式，搭建新型产业创新平台。然而，中国产业发展面临的任务不仅是产业技术创新，更重要的是产业结构和产业组织的转型升级。因此，中国的产业创新平台建设路径要体现出具有中国特色的“互联网+生产和服务”创新模式。智能生产与服务网络体系是中国学者基于产业经济理论、系统科学理论和中国产业发展实情，结合“互联网+”和“工业 4.0”战略提出的产业创新体系。随着“互联网+”战略的逐步落实，智能生产与服务网络体系将成为主流产业组织体系。因此，中国产业创新平台建设路径为“智能生产与服务网络体系+生产和服务”模式。建设智能生产与服务网络体系，并在该体系搭建“新型产业创新平台”，即“智能生产与服务网络体系中的新型产业创新平台”，是未来产业体系建设的根本任务。未来新的产业体系将承担中国产业未来创新发展的责任，推动中国产业转型升级。

二、未来新型产业创新发展组织模式

在“互联网+”和“工业 4.0”战略的引领下，产业的核心技术、生产方式、运行模式将发生根本性变革；以往传统的“平台”“联盟”“联合体”必须升级换代。生产与服务的智能化、个性化、模块化、即时化，决定着在智能生产与服务网络体系中，企业不可能是孤立的一分子或是以简单的“联盟”形式存在；而必须按照创新链（网）、产业链（网）和价值链（网）的逻辑，与智能生产与服务网络体系深度融合，即企业将作为产业创新要素深度融合到产业组织单元中。这样的产业组织单元，可称为智能产业元[44]，或称为“智能生产与服务网络体系中的新型产业创新平台”。基于以上认知，本书认为，智能产业元是智能生产与服务网络体系的主要创新要素，是构成智能生产与服务网络体系的基本产业组织单元，也是未来新型产业创新发展的基本组织模式。

三、产业创新平台未来研究展望

基于上述对“产业创新平台”发展和研究的回顾，着眼于“互联网+”和“工业 4.0”发展趋势，本书认为“智能生产与服务网络体系中的新型产业创新平台”是推动我国传统产业智能化和高端化发展的重要战略工具，具有重要研究价值。总体研究趋势包括研究“互联网+”和“工业 4.0”发展趋势、研究产业体系高端化趋势、研究新型产业创新平台推动传统产业高端化的原理和过程、研究新型产业创新平台推动传统产业高端化发展战略途径。具体如下：

第一，进一步研究智能生产与服务网络体系中新型产业创新平台的存在形式。具体包括研究该平台系统构成和结构及该平台系统建设途径。

第二，研究智能生产与服务网络体系中新型产业创新平台的职能和运行机制。与“传统产业平台”相比，未来新型产业创新平台的职能将实现跨越式升级。因此，未来研究趋势应该重点突出该平台系统的功能网络集成、价值网络集成和全程价值链供给。关于其运行机制，主要研究新型产业创新平台建设导向机制、新型产业创新平台资源共享机制、新型产业生态进化机制、新型产业创新平台模块化耦合机制、新型产业创新平台立体网络效应机制等。

第三，研究智能生产与服务网络体系中新型产业创新平台网络安全界壳及网络效应。智能生产与服务网络体系中新型产业创新平台虽然是一个开放的网络系统，但它又必然具有有界性。未来研究应基于新型产业创新平台网络模式，设计其网络界壳套，探索其网络效应原理。

第四，研究智能生产与服务网络体系中新型产业创新平台推动传统产业高端化发展政策。重点从该平台系统建设和运行方面、“政府-市场-平台”行为主体关系方面，研究其推动传统产业高端化发展政策的优化、设计和选择问题，提出系统化的政策措施。

在上述研究基础上，研究绘制智能生产与服务网络体系中新型产业创新平台推动传统产业高端化发展战略路线图；提出传统产业高端化发展关键线路和重大战略措施。

第三节 本章小结

“工业 4.0”和“互联网+”将促使产业全球一体化实现质的飞跃。产业（特别是制造业）未来必将交融于全球一体化的智能生产与服务网络体系之中并实现转型升级、更新换代，否则就会被淘汰。如今，我国传统产业面临的根本的问题是，如何融入智能生产与服务网络体系。本书认为，支持有条件的企业投身智能生产与服务网络体系建设，是争取占领全球产业发展制高点的战略举措。传统产业融入智能生产与服务网络体系的根本途径是建设或参与智能产业元，将传统产业加入智能生产与服务网络体系中，使众多从事传统产业的企业成为智能产业元的一分子，形成“智能生产与服务网络体系+传统产业”的新型产业创新平台模式。尤其要健全新型产业创新平台的智能生产与服务功能网络集成、价值网络集成、全程价值链供给等职能，驱动商业模式改革、核心科技升级、智能产业元不断自我发展，形成“智能生产力”。基于智能生产与服务网络体系的新型产业创新平台，是实现去产能、去库存、去杠杆、降成本、补短板的重要途径，应成为政府的政策取向，值得深入研究与发展。

参考文献

[1] Schumpeter J A. The Theory of Economic Development[M]. Oxford：Oxford University Press，1961.

[2] Rosenberg N. Inside the Black Box：Technology and Economics [M]. Cambridge：Cambridge University Press，1982.

[3] Robertson D，Ulrich K T. Planning for product platforms[J]. MIT Sloan Management Review，1998，39（4）：19-31.

[4] Arvidsson N，Mannervik U. The innovation platform—enabling balance between growth and renewal[R]. 2009.

[5] Henderson R M，Gawer A. Platform owner entry and innovation in complementary markets：evidence from Intel[J]. Journal of Economics & Management Strategy，2007，16（1）：1-34.

[6] Brusoni S. The limits to specialization：problem solving and coordination in "Modular Networks" [J]. Organization Studies，2005，26（12）：1885-1907.

[7] Doran D. Rethinking the supply chain：an automotive perspective[J]. Supply Chain Management，2004，9（1）：102-109.

[8] Eisenmann T R，Parker G，van Alstyne M W. Opening platforms：how，when and why?[C]//Gawer A. Platforms，Markets & Innovation. Abingdon：Edward Elgar Publishing，2009：131-162.

[9] Gawer A，Cusumano M A. How companies become platform leaders[J]. MIT Sloan Management Review，2008，49（2）：28-35.

[10] Bresnahan T F，Greenstein S. Technological competition and the structure of the computer industry[J]. The Journal of Industrial Economics，1999，47（1）：1-40.

[11] Greenstein S. Open platform development and the commercial internet[C]//Gawer A. Platforms，Markets & Innovation. Abingdon：Edward Elgar Publishing，2009：219-250.

[12] Gawer A，Cusumano M. Industry platforms and ecosystem innovation[J]. Journal of Product Innovation Management，2013，31（3）：417-433.

[13] US Council on Competitiveness. Towards the world：the new form of American innovation[R]. USA，1999.

[14] Nederlof S，Wongtschowski M，Lee V D F. Putting heads together：agricultural innovation platforms in practice[J]. Bulletin，2011，129（3341）：67.

[15] Tui S H K，Adekunle A，Lundy M，et al. What are innovation platforms?[R]. Innovation Platforms Practice Brief，2013.

[16] Tee R，Gawer A. Industry architecture as a determinant of successful platform strategies：a case study of the i-mode mobile Internet service[J]. European Management Review，2009，6（4）：217-232.

[17] International Federation of Pharmaceutical Manufacturers Associations（IFPMA）. The pharmaceutical innovation platform：sustaining better health for patients worldwide[R]. Geneva：IFPMA，2004.

[18] Pali P，Swaans K. Guidelines for Innovation Platforms：Facilitation，Monitoring and Evaluation[J]. Nairobi：ILRI，2013.

[19] Swaans K，Cullen B，van Rooyen A F，et al. Dealing with critical challenges in African innovation platforms：lessons for facilitation[J]. Knowledge Management for Development Journal，2013，9（3）：116-135.

[20] Klerkx L，van Mierlo B C，Leeuwis C. Evolution of systems approaches to agricultural innovation：concepts，analysis and interventions[J]. Farming Systems Research into Century the New Dynamic，2012：457-483.

[21] Klerkx L，Gildemacher P. The role of innovation brokers in agricultural innovation systems[R]. 2012.

[22] Hounkonnou D，Kossou D，Kuyper T W，et al. An innovation systems approach to institutional change：smallholder development in West Africa[J]. Agricultural Systems，2012，108（4）：74-83.

[23] Gawer A. Platforms，markets and innovation：an introduction[C]//Gawer A. Platforms，Markets & Innovation. Abingdon：Edward Elgar Publishing，2009：1-16.

[24] Communication Promoters Group of the Industry-Science Research Alliance. Final report of the industrie 4.0 working group—recommendations for implementing the strategic initiative INDUSTRIE 4.0[R]. Germany：National Academy of Science and Engineering，2013.

[25] 森德勒 U. 工业 4.0：即将来袭的第四次工业革命[M]. 邓敏，李现民译. 北京：机械工业出版社，2014.

[26] 王伯敏. 创新要以传统为基础[J]. 新美术，1983，（4）：5-6.

[27] 谢赤. 产业创新理论及其在金融创新中的应用[J]. 湖南大学学报（社会科学版），1997，（3）：10-14.

[28] 胡树华. 国内外产品创新管理研究综述[J]. 中国管理科学，1999，（1）：65-76.

[29] 吴贵生，杨艳，朱恒源. 中国产品创新管理研究：现状、差距与展望[J]. 研究与发展管理，2006，（6）：43-50.

[30] 吴贵生，杨艳，朱恒源. 产品创新中的战略导向：基于对已有研究评述的一个新框架[J].

研究与发展管理，2011，（6）：45-54.
[31] 芮明杰，陈晓静. 隐性知识创新与核心竞争力的形成关系的实证研究[J]. 研究与发展管理，2006，18（6）：15-22，50.
[32] 雷家骕. 建立自主创新导向的国家创新体系[J]. 中国科技产业，2007，（3）：128-130.
[33] 刘国新，李兴文. 国内外关于自主创新的研究综述[J]. 科技进步与对策，2007，（2）：196-199.
[34] 万劲波，张琳. 论创新发展战略预见[J]. 科学学研究，2010，（6）：801-808.
[35] 黄学，刘洋，彭雪蓉. 基于产业链视角的文化创意产业创新平台研究——以杭州市动漫产业为例[J]. 科学学与科学技术管理，2013，（4）：52-59.
[36] 王力，姜发根. 基于合作创新理论的汽车产业创新平台构建[J]. 人类工效学，2013，（4）：68-71.
[37] 李天柱，银路，石忠国，等. 生物制药创新中的专家型公司与核心公司研究——兼论我国生物制药区域产业创新平台建设[J]. 中国软科学，2011，（11）：108-116.
[38] 高常水. 战略性新兴产业创新平台研究[D]. 天津大学博士学位论文，2011.
[39] 谭清美，王斌，王子龙，等. 军民融合产业创新平台及其运行机制研究[J]. 现代经济探讨，2014，（10）：62-64.
[40] 许正中，高常水. 产业创新平台与先导产业集群：一种区域协调发展模式[J]. 经济体制改革，2010，（4）：136-140.
[41] 王斌，谭清美. 产业创新平台建设研究——基于组织、环境、规制及外围支撑的视角[J]. 现代经济探讨，2013，（9）：44-48.
[42] 王斌，谭清美. 产业创新平台评价指标体系及其权重设置研究[J]. 科学学与科学技术管理，2013，（12）：63-68.
[43] 谭清美，房银海，王斌. 智能生产与服务网络条件下产业创新平台存在形式研究[J]. 科技进步与对策，2015，（23）：62-66.
[44] 谭清美. 产业互联网中的智能产业元[N]. 中国社会科学报，2016-09-21.

第三章　智能生产与服务网络体系中新型产业创新平台存在形式

第一节　引　　言

在“工业 4.0”和“互联网+”兴起的背景下，产业将以智能技术系统、物联网及服务为基础形成智能生产与服务网络体系。在此体系中，传统产业向中高端转型升级，需依托一定实现模式——新型产业创新平台。传统创新实现模式，多以产业创新园区、创新孵化器、创新技术联盟等为代表，其创新模式经历了两个阶段：第一个阶段，线性创新模式，认为技术创新与生产环节诸要素之间存在简单的单向推动关系，包括“技术推动”“市场拉动”等模式；第二个阶段，互动与反馈型创新模式，认为“技术推动”与“市场拉动”是相辅相成的，二者之间具备反馈回路。与上述传统创新模式不同，在智能生产与服务网络条件下，新型产业创新平台以“开放式网络状循环创新”为主要模式，其特点是，强调创新过程各环节、各要素间的网络化联结、智能化控制、模块化分工等。本章主要探讨在智能生产与服务网络体系中，新型产业创新平台的存在形式。

学者们对平台内部结构的研究，主要以平台职能为划分标准，如决策、研发、生产、规制、资源配置、市场开拓等职能，从而划分为一系列职能性子平台体系。王斌和谭清美将产业创新平台分为六个子平台：决策平台、研发平台、制度平台、环境平台、金融平台、产业化平台[1]。此外，存在以平台运营机制为划分标准，钱亚波认为构建我国高新技术产业创新平台，必须创造健康良好的创新机制，具体包括三个方面：技术创新机制、制度创新机制、人才激励机制[2]。不同平台的职能领域有异时，内部结构相应发生变化。Baron 认为在多主体和多要素并存的创新系统中，应采取开放式创新策略[3]。既有研究对平台内部结构的描述已体现出平台诸多职能，但对平台创新价值链及全程价值链集成的研究较少，尤其是对于如何通过产业创新平台运行，实现传统产业向中高端转型升级的研究尚处于萌芽阶段。

学者们对平台构成形式的研究，主要以平台系统各环节、各要素的联结形式为分析视角。许正中和高常水认为产业创新平台应包含信息共享平台、技术创新平台、技能扩散平台、创业衍生平台、政策共享平台、金融共享平台、创新共享平台七大子平台体系，以形成广泛合作、共同进步的良性循环[4]。Lau和Lob认为创新系统应包含三个重要因素：创新能力、商业服务、价值链信息，三因素之间存在同化、转换和利用关系[5]。芮明杰和张琰认为网络状产业链创新平台应是一个知识集成平台，由结构知识、技术知识、组织知识及环境知识四类知识体系构成[6]。当平台内部环节、参与元素有异时，平台构成形式也有所差异。Thomas 认为在环境动荡情况下，产品设计平台应具备一定的战略柔性，从而能适应复杂环境变化对平台的冲击[7]。学者们的研究体现出：从既往以线性为特征的单循环平台模式研究，向以互动与反馈为特征的双循环平台模式推进，再到以多节点互联互通为特征的网络状开放性循环平台模式演化。客观而言，学者们对产业创新平台的构成形式研究已上升至复杂网络层面，需要对网络体系的具体模式、网络效应及其引爆点等领域深入探讨。

第二节　智能生产与服务网络体系中新型产业创新平台系统构成

尽管国内外学者对产业创新平台的定义莫衷一是，但也存在共同之处，即产业创新平台是产业创新领域一个新兴的创新工具，也是产业创新系统的一个重要组成部分。相较于传统产学研合作的松散性，产业创新平台利用一系列内外部联结机制将各参与主体有效联结，使各创新主体在平台内整合、配置与共享创新资源，从而实现产业共性技术和关键技术的突破，并分享技术转移或产业化所带来的收益。

新型产业创新平台应包含五个组成系统：智能生产与服务组织系统、科学技术支撑系统、信息感知与传输系统、基础设施（软、硬设施）支撑系统、平台规制系统（包括技术规范系统和行为规则系统）。多系统协同运行，各司其职。智能生产与服务组织系统主要负责为平台运行提供一系列便利性安排，如资源共享库的建立、技术交易与转移的实现等，有利于平台各参与主体及时获取所需资源和信息，合理配置人、财、物。科学技术支撑系统主要负责平台研发任务的实现，如产业共性技术和关键瓶颈技术研发创新。信息感知与传输系统主要负责平台内部和外部信息的感知、挖掘和互联互通，以特定的信息网络为载体，实现研发信息、生产信息、市场信息的探知与反馈，有利于平台敏锐感知信息变化，从而保持平台运行的前沿性、动态性。基础设施支撑系统主要负责保障平台运行的物质基础，包括网络服务系统、智能控制系统、现代生产工序、研发实验室、工程试验室等。平台规制系统主要负责协调与管控平台责权利冲突，通过制定和实施系列技术和行为规范，保障平台健康运行。从平台创立、责权利分配、冲突协调，到成果扩散的整个流程均规制系统强有力的制度做保障，这些制度和规范包括进入与退出制度、奖惩制度、责权利安排、财税优惠政策、平台界面标准等。新型产业创新平台系统构成框架如图 3-1 所示。

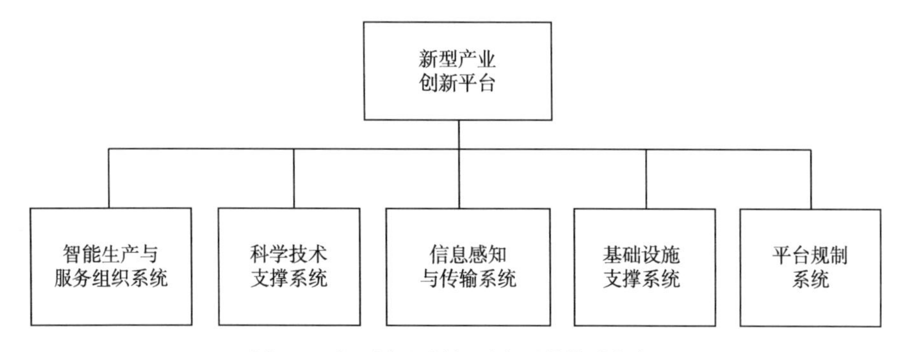

图 3-1　新型产业创新平台系统构成框架

在新型产业创新平台系统构成框架的基础上，可进一步将平台各参与主体划分为决策组织、研发组织、生产组织、市场组织。决策组织是产业创新平台的“大脑”，主要负责制定创新平台的具体目标、发展规划、责权利分配方案等，可组建理事会和专家咨询委员会，由其担负平台决策职能。研发组织由高校、科研院所、企业研发部门等组成，在平台决策机构的指引下，平台内部各参与主体通过联结机制实现创新资源的整合、配置与共享等；但研究发现，企业在研发中的作用较弱，其对高校及科研院所的依赖心理较强，且企业因自身利益的局限性，其具有一种对产业共性技术研发的排斥心理，从而导致平台资金投入的多方复杂博弈，因此，如何能兼顾平台整体利益和企业自身利益，是平台需要解决的突出问题。生产组织由平台内各产品模块的生产企业组成，按照统一的平台界面规则和零部件接口标准，将研发组织输入的创新技术开发成模块化产品，并组装成个性化产品。市场组织由平台市场指挥机构和各企业市场部门构成，负责开拓新产品市场，实现平台创新收益，并将市场信息反馈给平台决策组织，以利于下一步的创新决策。新型产业创新平台各主体组织联结框架如图 3-2 所示。

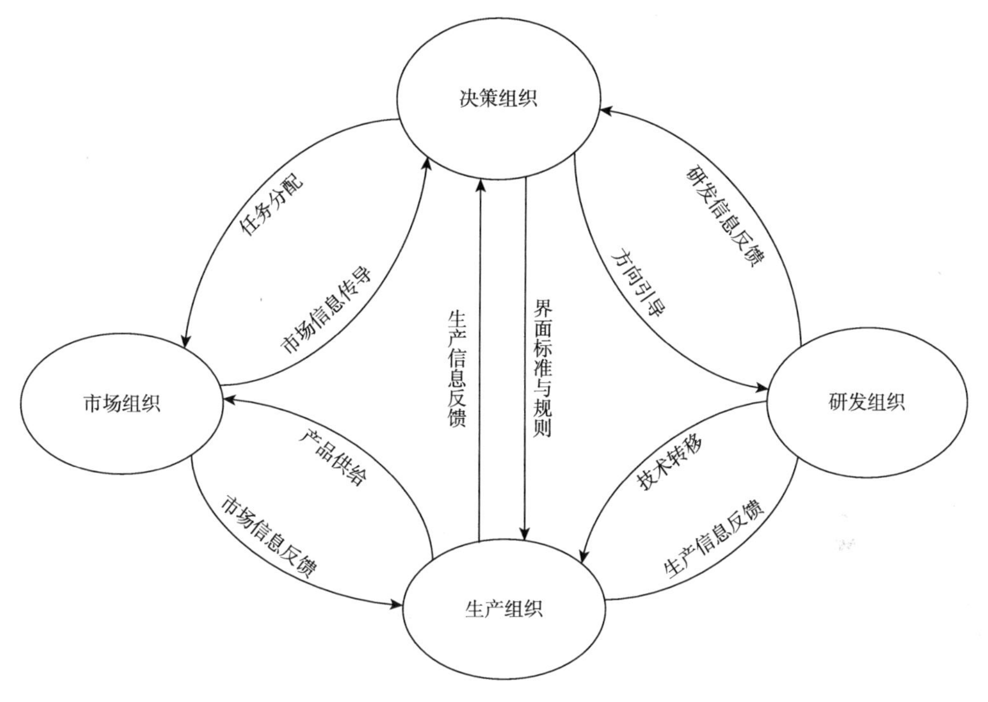

图 3-2　新型产业创新平台各主体组织联结框架

第三节　智能生产与服务网络体系中新型产业创新平台系统职能

新型产业创新平台包括四项职能：决策职能、研发职能、生产职能、市场化职能。决策职能由决策组织负责，通过对研发信息、生产信息、市场信息、博弈信息的综合研判，为平台发展做出一系列决策，如平台发展目标与方向、责权利划分、资源共享与配置机制、平台界面标准与规则、平台网络界壳设计等。研发职能由研发组织负责，通过利用一系列研发资源、政策和市场信息，对产业基础技术、产业关键技术、产业突破性技术研发创新。生产职能由生产组织负责，按照统一的平台界面规则和零部件接口标准，将研发组织输入的创新技术开发成模块化产品，并将各模块化产品组装成个性化产品。市场化职能由市场组织负责，通过开发新产品市场，实现创新收益。新型产业创新平台职能框架见图 3-3。

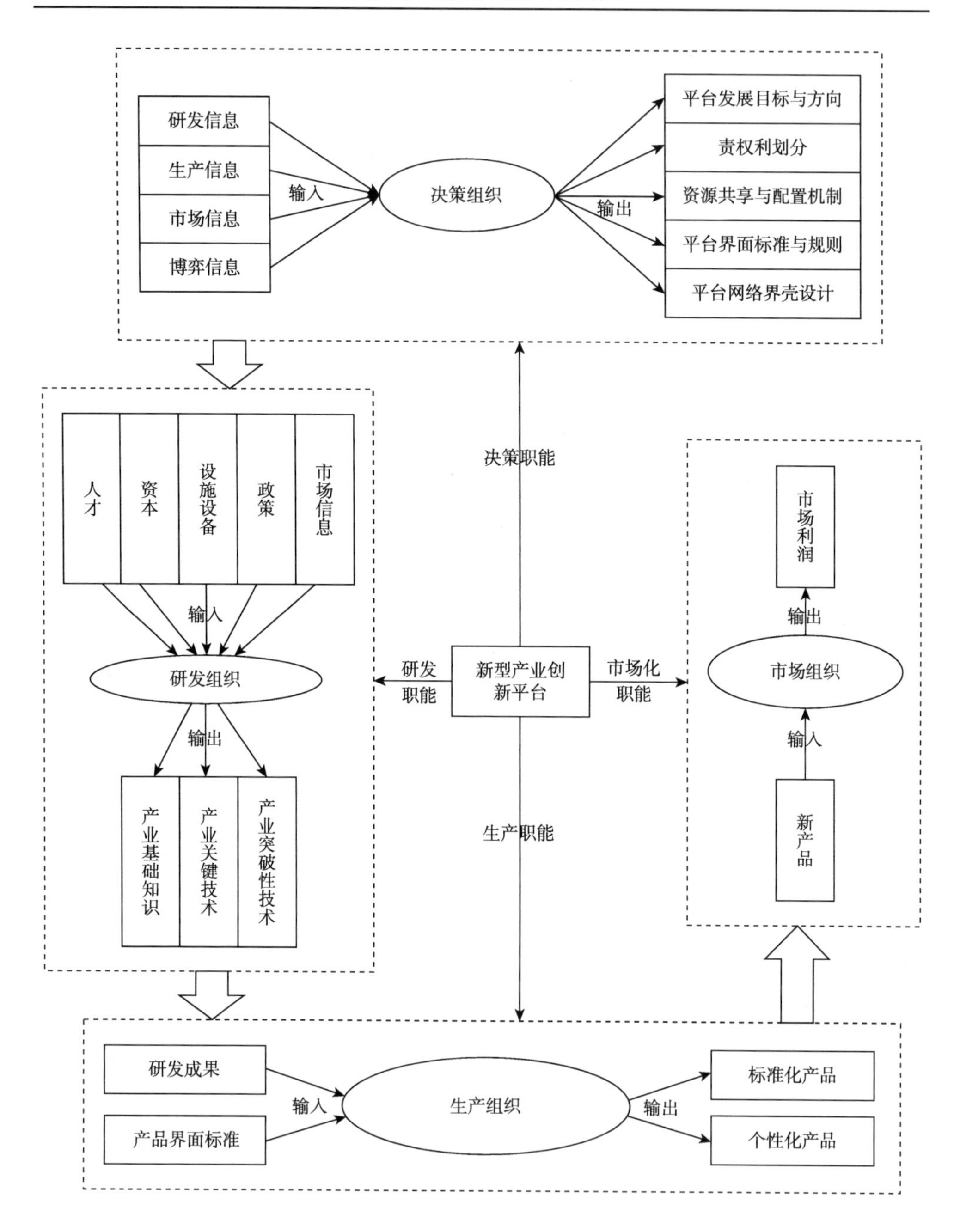

图 3-3 新型产业创新平台职能框架

各项职能均由新型产业创新平台予以控制和协调，以保障平台职能发挥的正常化。对于决策职能，决策组织可由不同区域的科研院所、生产企业、政策机构、行业协会等相关人员组成，可组建专门负责机构运转的理事会。平台领导权应根据不同的时空环境需要而发生改变。若平台关键矛盾点在于技术研发领域，则平台领导权应赋予研发组织，可由具备关键核心技术研发能力的科研院所担任。若平台矛盾点在产品生产领域，则平台领导权应赋予生产组织，可由具备优势生产能力的大企业担任。若平台的设立在于公共部门的政策推动和协调，则可由政府职能延伸机构或行业组织担任平台领导者，但在平台运行到适定阶段时，平台领导权应根据环境需要适时变换。对于研发职能，研发组织可由不同区域空间的科研院所或企业研发部门组成，其分布不必局限于某一地域内，可能是跨疆界的，以有效配置不同区域的科技资源为是。但研发组织应按照决策组织的统一协调安排开展技术研发，其原则是充分利用当地资源和比较优势，当所在区域具备某核心技术和人才资源优势，或拥有区域性科研政策扶持时，则可针对某项技术开展研发。这有两方面的意义：一是利于提高研发效率，在短时间内实现研发目标；二是利于降低研发成本，提高创新收益。通过人才、资本、设施设备、政策、市场信息的输入，研发组织实施渐进性和突破性创新，并输出产业基础技术、关键技术和突破性技术。生产职能可由不同区域空间的生产模块组成，将产品分解为不同零部件模块，然后根据不同地域生产资源的比较优势和资源禀赋，将不同模块配置于不同地域内的优势生产企业，以充分提高生产效率。但在生产过程中，各生产模块应坚持统一的整体界面标准和零部件接口标准，以便于后期对各模块化产品的整合。市场组织可由不同区域的市场销售机构作为主体，并吸纳研发组织、生产组织的相应人员参与其中。销售机构主要负责新产品的市场开拓，研发组织和生产组织负责新产品安装和技术指导等售后服务。

第四节　智能生产与服务网络体系中新型产业创新平台创新价值链

在研究新型产业创新平台职能框架的基础上，进一步探索新型产业创新平台的两种重要职能：创新价值链、全程价值链供给，是完全必要的。

新型产业创新平台创新价值链，主要体现平台创新价值的实现途径：从研发任务下达，到生产任务下达，直至创新成果顺利转化新产品。创新价值链具有多功能属性。一方面，实现了创新方案的落地生根，最终转化为具有市场竞争力的产品；另一方面，在网络状平台系统的综合作用下实现知识溢出效益质的提升。新型产业创新平台创新价值链如图 3-4 所示（图中所画三个“平台系统”属同一事物）。

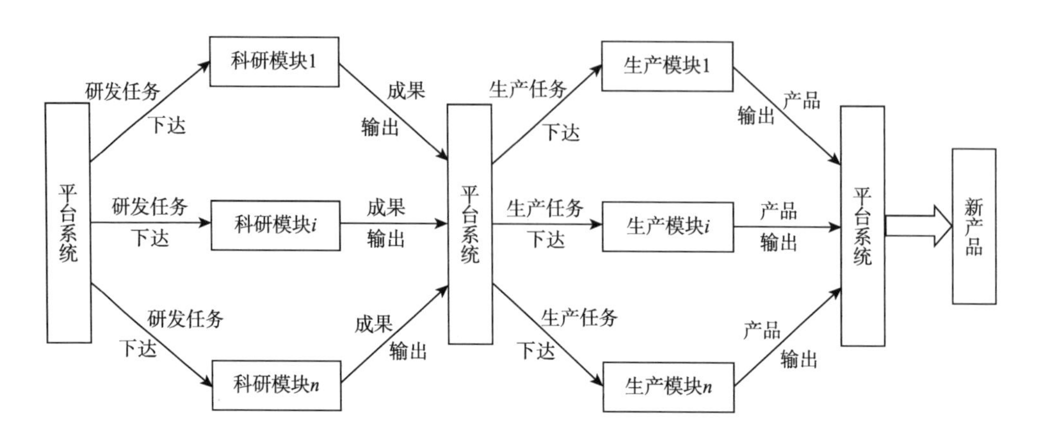

图 3-4 新型产业创新平台创新价值链

新型产业创新平台全程价值链供给主要体现平台是如何通过智能系统实现对各环节价值的控制、协调和实现。平台运行各环节的价值包括挖掘新创意、配置研发分工、协调模块化生产、集成模块化产品、新产品市场推广、分析市场新矛盾。平台通过智能系统实现对上述价值的控制与协调，并实现价值链条的循环回路。挖掘新创意，根据途径不同分为主动获取与客户互动两种模式。主动获取主要依靠大数据挖掘技术发现市场潜在需求。客户互动模式主要是由平台系统开发各种便捷参与模式，在让客户广泛参与的过程中搜集创新创意。例如，分批少量投放新产品，根据用户反馈快速迭代原有设计，再次投放市场，再次搜集用户反馈，再次迭代原有设计，不断重复提升产品性能。配置研发分工，主要是对新创意进行鉴定，确保其具有技术可行性和风险可控性，然后由平台系统整合优势资源开展研发工作。协调模块化生产，主要是设置产品界面标准，同时让最有效率的生产商生产特定模块产品，并且统一核算各模块产品的生产数量。集成模块化产品，是将各模块产品进行组装，提高组装效率。新产品市场推广，指根据产品的不同特点，规划、实施不同的营销方案。大型机器设备主要是针对特定行业由专业项目团队负责营销与产品售后事宜；大众产品主要通过公共传媒平台推广。产品销售结束转化为利润后平台价值链并没有就此断裂。通过新产品的使用回馈、前期研发和生产环境积累新的经验，寻求、分析市场新矛盾，开始新的创意生产活动。新型产业创新平台全程价值链供给如图 3-5 所示。

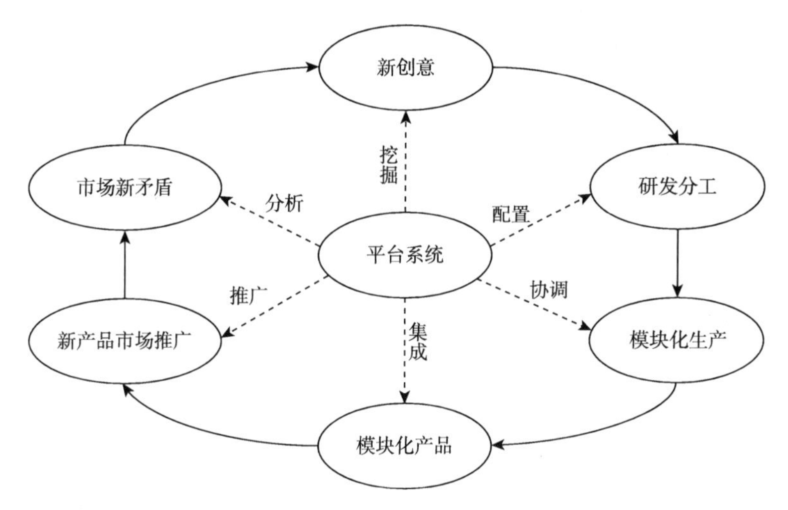

图 3-5　新型产业创新平台全程价值链供给

第五节　本章小结

本章探讨了智能生产与服务网络体系中新型产业创新平台存在形式，阐释了新型产业创新平台系统构成、系统功能、主要职能和运行框架。需要强调，新型产业创新平台与传统意义上的产业平台有着代际区别。新型产业创新平台的存在是以智能生产与服务网络体系为背景的，或者说，它是存在于智能生产与服务网络体系之中的产业网络系统。鉴于智能生产与服务网络体系是产业全球化网络体系，积极参与或领衔参与智能生产与服务网络体系建设，积极主导构建新型产业创新平台，掌控平台领导权，是一个产业全球化发展战略问题。通过参与智能生产与服务网络体系建设，主导新型产业创新平台构建，将为我国实施创新驱动发展战略提供实现渠道。相关研究结论可为政府职能部门和产业组织制定产业发展政策和产业发展战略提供决策理论依据。

参考文献

[1] 王斌，谭清美. 产业创新平台建设研究——基于组织、环境、规制及外围支撑的视角[J]. 现代经济探讨，2013，（9）：44-48.

[2] 钱亚波. 构建我国高新技术产业创新平台[J]. 科学与管理，2002，（4）：16-18.

[3] Baron M. Open innovation cooperation strategies in regional innovation system[C]. 2014.

[4] 许正中，高常水. 产业创新平台与先导产业集群：一种区域协调发展模式[J]. 经济体制改革，2010，（4）：136-140.

[5] Lau A K W，Lob W. Regional innovation system，absorptive capacity and innovation performance：an empirical study[J]. Technological Forecasting and Social Change，2015，92：99-114.

[6] 芮明杰，张琰. 产业创新战略——基于网络状产业链内知识创新平台的研究[M]. 上海：上海财经大学出版社，2009.

[7] Thomas E F. Platform-based product design and environmental turbulence：the mediating role of strategic flexibility[J]. European Journal of Innovation Management，2014，17（1）：107-124.

第四章　智能生产与服务网络体系中新型产业创新平台职能及实现机制

第一节　引　言

我国经济发展已进入新常态，面临经济下行压力和供给侧结构性改革的使命。从产业层面讲，需要变革产业组织形式和产业创新体系。随着“工业 4.0”和“互联网+”的兴起，生产与服务趋于智能化、网络化，传统产业的生存与发展遇到空前挑战，但传统产业不是夕阳产业，只要通过技术改造，以战略融合、模式创新为突破点，就可以形成强大的市场竞争力，融入现代产业体系[1]。产业创新平台具备搭建创新载体、集结创新资源、研发创新产品等若干职能。不仅如此，在“工业 4.0”和“互联网+”背景下，通过与信息物理系统深度融合，产业创新平台将脱胎换骨，以智能生产和服务等为构架形成智能生产力，有效促进传统产业的技术链升级、价值链升级和产业链升级[2]。因此，本章将从复杂网络和全程价值链分析的角度，阐明智能生产与服务网络条件下新型产业创新平台的职能。

国内外有关产业创新平台职能的研究，主要是基于平台的职能性视角，将平台划分为一系列子平台体系，分析各子平台的职能属性。国外学者 Harmaakorpi 和 Pekkarinen 提出用区域发展平台研究区域创新政策，并强调发展平台是以产业为基础的支撑产业发展的平台[3]。Malerba 提出产业创新系统概念，认为产业是行动者通过市场和非市场、正式和非正式关系互动形成的系统[4]。王斌和谭清美[5]将产业创新平台分为决策、研发、制度、环境、金融和产业六个职能平台；许正中和高常水[6]将产业创新平台分为信息共享、技术创新、技能扩散、创业衍生、政策共享、金融共享和创新共享七大职能平台；Antonio 和 William[7]认为产业创新平台应具备创新能力、商业服务和价值链信息三大职能；芮明杰和张琰[8]认为产业创新平台是由结构、技术、组织和环境四类知识职能体系构成的知识集成平台。

结合文献检索发现，已有研究对产业创新平台内部结构的描述已体现出平台的诸多职能。产业价值网络化条件下，产业的边界更加模糊，价值创造主体从单一产业内的企业个体向跨产业的企业网络转变[9]。智能生产与服务网络条件下，产业创新平台的研究视角也应与时俱进，从传统产业的线性价值链向网络化、集成化的跨产业价值网络和全程价值链转变。这种转变不是简单的独立要素的改变，而是产业创新平台整体的动态演化，是产业创新平台的升级过程。因此，智能生产与服务网络条件下的新型产业创新平台职能研究显得尤为必要。

第二节 智能生产与服务网络体系中新型产业创新平台的三项基本职能

新型产业创新平台是互联网技术与制造业深度融合的重要载体。智能生产与服务网络条件下，产业创新平台须跨越升级到新的版本；新型产业创新平台系统的职能也将更新换代，实现跨越式升级。智能化、网络化、全球化、集成性和大数据等特征决定了新型产业创新平台的职能不仅是提供技术信息或传统服务，功能网络集成、价值网络集成和全程价值链供给将是新型产业创新平台的重要职能。新型产业创新平台正是这些职能的承担主体，这些职能是传统产业高端化的实质性推动力。新型产业创新平台职能构成框架如图 4-1 所示①。

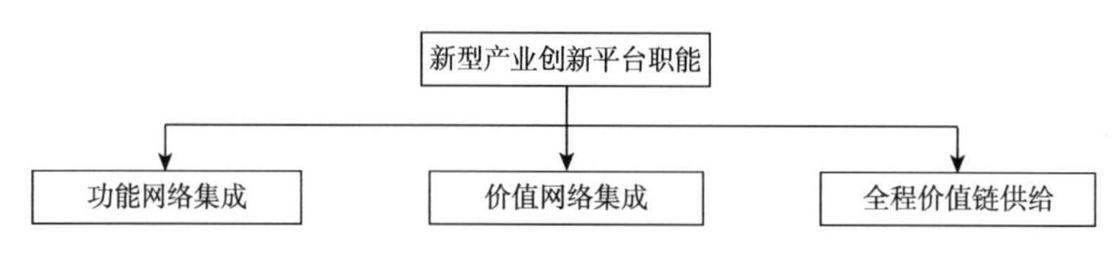

图 4-1 新型产业创新平台职能构成框架

一、功能网络集成

功能网络集成是将创新网络、供应网络、生产网络、销售网络、物流网络和消费者网络的生产功能、服务功能、产品功能、不同模块功能，通过一定的机制，智能、高效地集成于新型产业创新平台智能网络系统之中，形成一个网格化

① 参见第一章第二节中智能产业元的特征和职能。

的复杂神经网络，实现产品和服务从设计到最终消费的“成本最低化-价值最大化”的理想状态。全球制造网络将产品的价值分为不同的模块，在一定的标准、规范系统控制下，使不同的产品价值模块分布在全球不同区域，在全球范围内以最低成本生产，通过物流网络以最快速度和最便捷的方式，送达到消费者手中，实现最高效的时间和空间价值。

功能网络集成通过互联网技术结合结构化综合布线系统，将各个原先分离的独立功能集成到相互关联和统一的平台中，使资源在平台中共享，从而达到高效管理的目的[10]。平台系统间的互联是功能网络集成的关键，可通过解决平台中各类子系统间的接口、协议，以及与产业创新平台环境、组织、管理相关的一切面向集成的问题实现[11]。功能网络集成的本质是产业创新平台综合统筹设计的最优化。功能网络集成包含两方面内容：一是功能合并，主要将功能和设备重复的系统合并，以避免重复投资；二是功能互补，系统中各子系统有其特定功能，可独立工作，但有时也需要系统间协同工作，实现全局管理，提高智能化程度。因此，产业创新平台中的所有功能合在一起后不但能工作，而且是低成本、高效率的[12]。智能生产与服务网络体系中功能网络集成运行过程如图 4-2 所示。

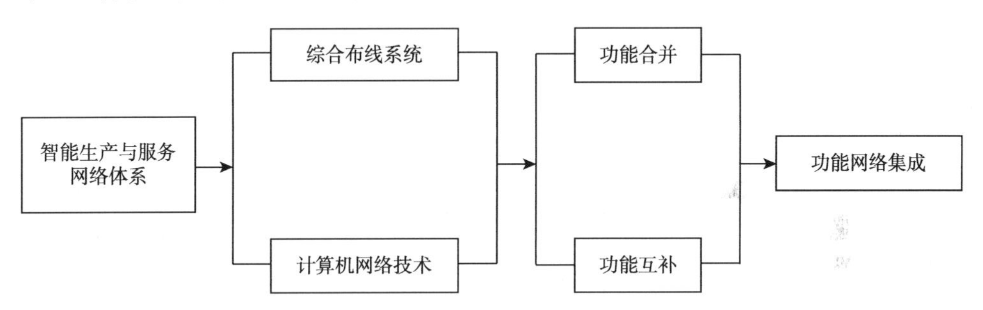

图 4-2　智能生产与服务网络体系中功能网络集成运行过程

二、价值网络集成

价值网络集成是将消费者价值、创新价值、资源价值、生产价值、商业价值、空间价值和服务价值七大价值有效集成，并通过价值核聚效应产生倍增价值效应。“互联网+”时代，服务网络条件下的消费者价值集成，是价值集成的起点，通过平台网络和规则，将消费者需求进行有机融合，通过柔性化定制或大规模定制进行生产，制造价值倍增。柔性化定制虽然使消费者的需求千差万别，但通过多样化智能制造，可以产生范围经济，进而创造倍增价值；大规模定制是通过大数据和云计算，挖掘出个性化需求中共同的需求，并进行集中大规模生产，产生范围经济基础上的规模经济，从而使消费者引致的生产价值呈几何级数增长。

智能生产与服务网络体系中，信息不再作为价值创造的辅助角色，而是直接参与价值创造。根据 Gulati 等[13]的研究，价值创造的过程分为关系构建、关系运行和价值释放三个阶段，如图 4-3 所示。

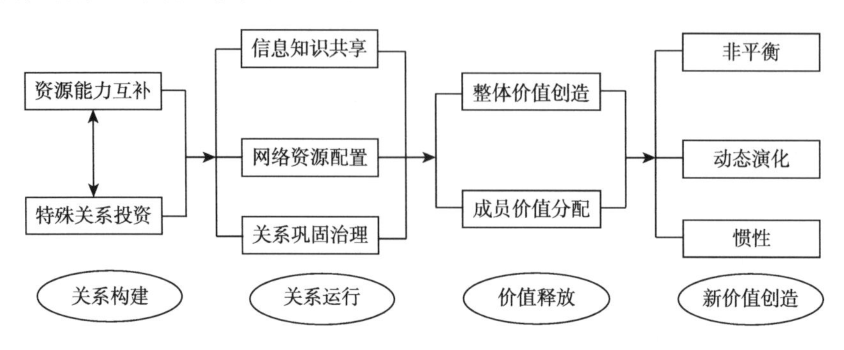

图 4-3　价值网络集成的价值创造过程

由图 4-3 可知，关系构建、关系运行和价值释放相辅相成，随着价值创造过程的持续和循环，价值网络将平台中企业锁定的程度也逐渐提升[14]。在 Moore 定律、Gilder 定律、Andy-Bill 定律、Metcalfe 法则作用下，国际产业分工深化趋势明显，而中国传统产业居于价值网络低端位置，其发展长期受限，形成了价值网络低端锁定。根据模块化理论，一个完整的价值网络包括规则设计商、系统集成商和模块供应商三类企业[15]。其中，规则设计商位于最高层次，其拥有最终产品制造的核心知识，为模块体系提供既保证模块间独立性又保证功能一体化的框架性标准；系统集成商位于中间层次，其通过制定适当的任务结构与界面规则，在实现各功能模块链接的基础上完成网络价值流的整合；模块供应商位于最低层次，负责模块子系统的规则与内容设计等工作，独立完成模块功能。因此，要通过价值网络集成驱动产业平台创新，必须沿着模块供应商、系统集成商和规则设计商，从各区段价值网络层次的最低端纵向升级，形成“丨”字形成长模式。智能生产与服务网络条件下，数字化的关系网络是价值网络集成的支撑体系，顾客价值是价值网络集成的核心，而核心企业是价值网络集成驱动产业创新平台的引领者。核心企业要围绕顾客价值建设产业创新平台，让参与主体尽可能多地进入平台；高校、科研院所和企业研发部门等都可以进入产业创新平台。这些创新主体通过相互交流和协作，为创新提供丰富的资源。同时，产业创新平台还应确立创新主体之间的利益分配规则，如技术并购、联合研发和技术风险基金投资等，以促进创新主体的实质性合作[16]。价值网络集成驱动产业创新平台主要有两种路径，一是制度创新，通过构建利益分配机制、知识产权联盟和网络研发基金等实现；二是管理创新，通过对大数据、云计算、物联网等的管理实现。智能生产与服务网络条件下，价值网络集成是有形价值与无形价值、实体经营与虚拟运营的双重完美结合。相比于传统产业创新平台，价值网络集成的产业创新平台优势主要体现在五个方面：一是网络经济，能提供更多顾客价值组合；二是规模经济，能降低顾客总成本；三是风险对抗，能使顾客获得稳定的价值让渡；四是黏滞效应，能提高顾客忠诚度；五是速度效应，能节约顾客时间[17]。

三、全程价值链供给

一个产品的生产过程包括诸多价值链环节，每个环节可能由不同的企业完成。全程价值链供给即把这种在一个企业中或多个企业间的产品从需求分析到销售服务的全价值链集成起来，确保个性化的产品价值能够实现。概括起来，全程价值链供给可分为研发、制造、营销和营运四个区段。研发、营销和营运区段思想程度和技术含量比较高，而制造区段技术含量较低[18]。

智能生产与服务网络条件下，全程价值链供给的意义在于，它可以确保即使是唯一的个性化产品，也能够在整个价值链上被准确、高效地生产出来。同时，全程价值链供给把横向集成和纵向集成有机关联起来，实现了端到端的价值最大化，从而最大化满足客户需求。全程价值链供给中的信息和知识等可以沿多条路径在平台中流动，当多个参与者之间的交换关系存在信息和知识的交错关联时，处于平台节点上的个体或组织就可以从这种聚合作用中创造或者获取更多的价值。智能生产与服务网络条件下，企业将如 Rayport 和 Sviokla 所讲，同时在物质世界的“市场场所”和虚拟世界的“市场空间”运行[19]。有形价值链与无形价值链融合而成的价值链体系体现了产业创新平台的结构演变与升级。研究、开发、设计、营销等无形价值创造活动位于价值链顶端并创造了更高的价值。沿着价值链进行产业创新平台的结构升级实质是从有形价值链向无形价值链发展的提升过程，也是企业从有形价值创造方式向无形价值创造方式转变的升级过程[20]。有形价值链与无形价值链融合而成的全程价值链供给运行过程可以用图 4-4 表示。

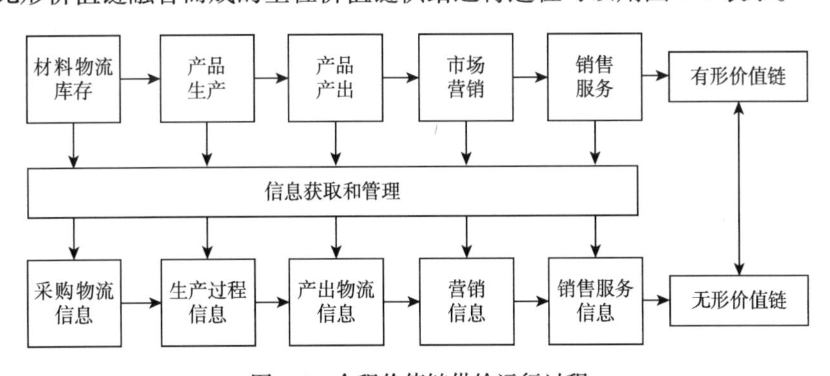

图 4-4　全程价值链供给运行过程

全程价值链供给是在创新网络和智能生产的基础上，在全球范围内从横向和纵向将产品创新、生产、销售、运输等价值环节进行集成，形成立体网状全程价值链供给消费者网络。全程价值链供给是生产驱动型价值链和消费驱动型价值链的综合与升级，该功能可最大限度地满足消费者个性化需求，并确保产品在全程价值链上精确高效的生产。横向集成通过物联网、云计算等互联网新技术，将创新价值、资源价值和服务价值等全程价值链各个环节的资源进行高度整合和优化，构成了全程价值链供给的基础；而纵向集成将产品生产过程模块化，根据智能生产的需求和指令，改变各模块的耦合和空间结构，实现端对端的价值链集成，对全程价值链的横向集成提供支撑。

第三节 智能生产与服务网络体系中新型产业创新平台职能实现机制

智能生产与服务网络条件下，新型产业创新平台为了实现其基本职能：功能网络集成、价值网络集成和全程价值链供给，须建立和实施个性化定制、模块化集成和全程“生产+服务”供给三项基本机制。

一、个性化定制

如前所述，智能生产与服务网络条件下，智能化、网络化、全球化、集成化和大数据等特征决定了新型产业创新平台的功能不仅是提供技术信息或传统服务；个性化定制、模块化集成和全程“生产+服务”供给将是新型产业创新平台的重要功能。智能生产与服务网络条件下，消费以多样选择、参与设计、主导生产为基本特征，新型产业创新平台能够提供与个体特性相匹配的产品或服务，即具有个性化定制功能。新型产业创新平台能充分开放产品库，把所有产品的类别都展现在可视界面上，并通过智能手段提供灵活的快速搜索和分类引擎，实现产品与用户需求的无缝对接，让用户以最小的成本做出选择。同时，新型产业创新平台能满足用户参与设计的需求，帮助用户实现便利输入，从而得到定制化商品。我国海尔集团新型产业创新平台建设初步成效。海尔集团通过“HOPE”平台，与全球研发机构和个人进行互动，形成用户需求与全球一流创新资源的高效对接，由此设计出的产品再由“互联网+预订”的形式进行生产和销售。

二、模块化集成

智能生产与服务网络条件下，数字技术引起的智能化对产业创新提出更高要求，创新效率低下的平台濒临淘汰或被迫重组。随着社会化生产不断演化，根据亚当·斯密的分工理论，新型产业创新平台将根据市场灵活反应，进行细致的模块分工，以获得“熊彼特租金”，提高产业竞争优势，即具有模块化集成功能。按照创新链、产业链、功能链和价值链的逻辑，产业创新平台系统须有规则地划分成若干结构完整的平台子模块，以有利于独立创新和模块功能的延展。模块与模块、模块与系统之间存在“接口结构单元”，只要平台系统与子模块间、子模块与子模块间满足“接口”条件，就可以按照功能系统的要求实现任意组合。不同功能的平台子模块通过相互协调与创新拓展，能够实现各自最优设计。我国的小米、美的、海尔等企业在这方面开展了探索。它们各自构建了不同类型的“互联网+众包”平台，广泛对接用户需求与全球研发资源，征集产品创意和技术解决方案。

三、全程“生产+服务”供给

智能生产与服务网络条件下，新型产业创新平台的研发设计、生产计划、生产过程、市场营销和服务全程点对点到位，即具有全程价值链供给功能。全程价值链供给的前提是功能网络集成和价值网络集成，后两者是前者的配套战略。全程“生产+服务”供给是全程价值链供给的实现形式，随着“互联网+”和“工业4.0”的逐步深化，传统企业须对其生产战略进行根本性调整。按全程价值链供给战略新思维，将企业供应的重点由全程产品价值输出转向全程“生产+服务”供给。为适应新时代“分布式”生产要求，企业需要低成本、高收益的创新协作模式，而新型产业创新平台正是一个合理选择。我国海尔集团牵头建立“全流程并联交互创新生态体系”，通过建立开放式产业创新平台，实现了全程生产和服务点对点到位，是新型产业创新平台及全程价值链供给功能建设的成功探索。

第四节　智能生产与服务网络体系中新型产业创新平台职能效率

智能生产与服务网络条件下新型产业创新平台在实现职能更新换代的同时，也更注重平台职能运行效率。对职能运行效率的测度可通过数据包络分析（data envelopment analysis，DEA）实现。DEA 是一种衡量决策单元相对有效性的非参数方法，对多指标投入和产出的同类型决策单元进行相对性评价时具有客观性和实用性。DEA 主要运用 CCR（Charnes，Cooper，and Rhodes）（假设规模报酬不变）与 BCC（Banker，Charners，and Cooper）（假设规模报酬可变）模型进行分析。DEA 的分析思路如下：设有 n_{1j} 个决策单元，其输入和输出向量分别为

$$\boldsymbol{X}_j=\left(x_{1j},x_{2j},\cdots,x_{mj}\right)^{\mathrm{T}}>0,\quad j=1,2,\cdots,n \tag{4-1}$$

$$\boldsymbol{Y}_j=\left(y_{1j},y_{2j},\cdots,y_{sj}\right)^{\mathrm{T}}>0,\quad j=1,2,\cdots,n \tag{4-2}$$

其中，m、s 分别为输入和输出指标的个数。基于此，构建 CCR 模型的约束方程组：

$$\min\theta=\theta_0$$

$$\text{s.t.}\begin{cases}\sum\limits_{j=1}^{n}\boldsymbol{X}_j\lambda_j+s^-=\theta X_0\\ \sum\limits_{j=1}^{n}\boldsymbol{Y}_j\lambda_j-s^+=Y_0\\ \lambda\geqslant 0;\ j=1,2,\cdots,n;\ s^+\geqslant 0;\ s^-\geqslant 0\end{cases} \tag{4-3}$$

BCC 模型的约束方程组为

$$\min\theta=\theta_0$$

$$\text{s.t.}\begin{cases}\sum\limits_{j=1}^{n}\boldsymbol{X}_j\lambda_j+s^-=\theta X_0\\ \sum\limits_{j=1}^{n}\boldsymbol{Y}_j\lambda_j-s^+=Y_0\\ \sum\limits_{j=1}^{n}\lambda_j=1\\ \lambda\geqslant 0;\ j=1,2,\cdots,n;\ s^+\geqslant 0;\ s^-\geqslant 0\end{cases} \tag{4-4}$$

DEA 效率根据导向不同分为投入导向与产出导向。投入导向追求既定产出下的投入最小化，而产出导向追求既定投入下的产出最大化。DEA 的结果包括综合效率、技术效率、规模效率和规模报酬。其中，综合效率、技术效率、规模效率值均位于[0,1]，数值越高则效率越高，且综合效率是技术效率和规模效率的乘积。参照已有文献，通常认为综合效率值取 $[0,0.6)$ 为非有效，$[0.6,0.8)$ 为效率较低，$[0.8,1)$ 为效率中等，1 为效率高[21]。规模报酬分为规模报酬递减（drs）、规模报酬不变（crs）和规模报酬递增（irs）。

智能生产与服务网络条件下新型产业创新平台是一个内涵特质复杂的综合系

统，对其职能运行效率的评价指标必须系统反映平台创新的效率。在对新型产业创新平台职能运行效率的评价过程中，建立反映多元目标的价值标准体系，即经济性、效率性和效果性的“3E”标准体系，取代传统的单一产出取向的价值评价体系。基于此，可采用投入导向BCC模型评价新型产业创新平台运行相对效率。不同产业特征（取决于投入要素和产出要素）的新型产业创新平台，其投入和产出要素不同，反映其运行效率的价值标准体系不同，其评价体系所含投入和产出指标也就不同。不失一般性，可以建立智能生产与服务网络条件下新型产业创新平台职能运行效率评价指标体系，如表4-1所示。

表4-1　新型产业创新平台职能运行效率评价指标体系

指标层次	指标含义	指标属性
投入	现有占地面积	投入土地资源
	现有孵化面积	投入土地资源
	年末基地总员工数	投入人力资源
	科技活动人员	投入人力资源
	科技经费筹集额	投入财力资源
	……	……
产出	技术市场成交额	职能运行效益
	新产品产值	职能运行效益
	高技术产业增加值	职能运行效益
	……	……

应用此指标体系，可以对同一时期（如同一财政年度）相同产业类型的多个新型产业创新平台职能运行效率进行评价，也可对单个新型产业创新平台不同时期（多年度）的职能运行效率进行评价。

第五节　本章小结

本章进一步研究了智能生产与服务网络中新型产业创新平台的三项基本职能职能：功能网络集成、价值网络集成和全程价值链供给，阐明了新型产业创新平台三项基本职能的实现机制；基于DEA模型，从投入产出角度研究新型产业创新平台运行效率。需要强调两点：一是智能生产与服务网络条件下，新型产业创新平台是功能网络集成、价值网络集成和全程价值链供给的三位一体的价值创造系统；二是本章讨论的新型产业创新平台，即第一章诠释的智能产业元系统。随着“互联网+”的兴起，不同层次产业融合度趋高，智能产业元系统思维和应用不仅适用于制造业，亦适用于现代农业和现代服务业。

通过构建智能生产与服务网络条件下的新型产业创新平台，可以有效促进传统产业的技术链升级、产业链升级和价值链升级，推动传统产业高端化。此外，智能生产与服务网络处于不断演变升级中，因此，新型产业创新平台的职能也会随着技术的进步而演进；如何对新型产业创新平台的职能进行追踪，使得新型产业创新平台职能的诠释更为准确、合理，未来尚需进一步探索。

参 考 文 献

[1] 刘志彪. 为实现现代化打下坚实产业基础[N]. 人民日报，2016-08-25.

[2] 谭清美，房银海，王斌. 智能生产与服务网络条件下产业创新平台存在形式研究[J]. 科技进步与对策，2015，32（23）：62-66.

[3] Harmaakorpi V，Pekkarinen S. Regional development platform analysis as a tool for regional innovation policy[R]. ERSA Conference Papers. European Regional Science Association，2002.

[4] Malerba F. Innovation and the evolution of industries[J]. Journal of Evolutionary Economics，2005，16（1）：3-23.

[5] 王斌，谭清美. 产业创新平台建设研究——基于组织、环境、规制及外围支撑的视角[J]. 现代经济探讨，2013，（9）：44-48.

[6] 许正中，高常水. 产业创新平台与先导产业集群：一种区域协调发展模式[J]. 经济体制改革，2010，（4）：136-140.

[7] Antonio K W，William L D. Regional innovation system，absorptive capacity and innovation performance：an empirical study[J]. Technological Forecasting and Social Change，2015，92：99-114.

[8] 芮明杰，张琰. 产业创新战略——基于网络状产业链内知识创新平台的研究[M]. 上海：上海财经大学出版社，2009.

[9] Westergren U H，Holmström J. Exploring preconditions for open innovation：value networks in industrial firms[J]. Information and Organization，2012，22（4）：209-226.

[10] 孙耀，赵荣泳. 大型民用飞机安全生产综合管理信息化平台的设计[J]. 机电产品开发与创新，2014，27（4）：1-3.

[11] 盛洁. 城市综合体智能化现有技术及未来发展方向[J]. 通讯世界，2014，（8）：14-15.

[12] 欧伟，王婷. 浅谈数字化校园核心技术[J]. 科技视界，2013，（24）：206-207.

[13] Gulati R，Nohria N，Zaheer A. Strategic networks[J]. Strategic Management Journal，2000，21：203-215.

[14] 戴晓天. 价值网络的价值创造、锁定效应及竞争优势的关系研究[D]. 电子科技大学硕士学位论文，2009.

[15] 黄海滨，张衡，曹京京. 模块化、网络状产业链及其对我国战略性新兴产业发展的启示[J]. 中国科技产业，2014，（5）：69-73.

[16] 程立茹. 互联网经济下企业价值网络创新研究[J]. 中国工业经济，2013，（9）：82-94.

[17] 刘思思. 基于系统动力学的中国电信服务业价值网络分析[D]. 西北大学硕士学位论文，2014.

[18] 宗文. 全球价值网络与中国企业成长[J]. 中国工业经济，2011，（12）：46-56.

[19] Rayport J F，Sviokla J J. Exploiting the virtual value chain[J]. Harvard Business Review，1995，73（1）：14-24.

[20] 王树祥，张明玉，郭琦. 价值网络演变与企业网络结构升级[J]. 中国工业经济，2014，（3）：93-106.

[21] 马占新. 数据包络分析模型与方法[M]. 北京：科学出版社，2010.

第五章　智能生产与服务网络体系中新型产业创新平台结构和运行机制

第一节　引　　言

当前，新一代信息技术和互联网技术在以电子商务为代表的服务业中得到了广泛的应用，并促进了服务业的蓬勃发展。一方面，由于我国仍处于农业现代化和工业化的进程中，新一代信息技术与农业和工业的深度融合方面尚处于发展初级阶段，特别是高端制造业自主创新能力不足，核心和关键技术对外依赖度仍然很高。在第四次产业革命的浪潮下，传统产业正经历由高速渗透的互联网新经济引发的“不适应、跟不上、有痛感”的过程。另一方面，互联网、云计算和大数据日益成为重要的生产要素，柔性制造产业和知识密集型产业在国民经济中占据越来越重要的地位，人们的生产生活开始追求便捷化、知识化和智能化。产业形态的骤然变化及消费终端的多元化追求，严重冲击了传统产业赖以生存的运行模式，正在瓦解传统产业经营良久的产业链和利益链。然而，传统产业不是夕阳产业，只要通过技术改造，以战略融合、模式创新为突破点，就可以形成强大的市场竞争力，融入现代产业体系[1]。产业创新平台具备搭建创新载体、集结创新资源、研发创新产品等若干职能。随着“互联网+”和“工业 4.0”的兴起，产业将以智能技术系统和物联网及服务为基础，形成智能生产与服务网络体系。新型产业创新平台将以智能决策、智能设计、智能生产、智能控制和智能服务等为构架形成智能生产力，有效促进传统产业的技术链升级、价值链升级和产业链升级[2]。这种全新的产业生态系统将成为必然；其中，新的生产方式、产业形态、商业模式和经济增长点将不断出现。

“中国制造 2025”已进入全面实施新阶段，航空航天装备、海洋工程装备及高技术船舶、轨道交通装备等领域的产业创新平台建设方兴未艾，正逐步向高端化方向迈进。因此，建立智能生产与服务网络条件下的新型产业创新平台，实施功能系统升级、关键技术跨越等创新驱动智能转型战略，将重塑产业价值链体系，实现产业链的高端化发展。传统产业平台主要以技术创新平台、公共信息服务平台和产业集聚平台等形式存在，各类平台相对独立地承担技术创新、资源共享和产业集聚等职能，运行模式以线性单向封闭式循环为主，不具备完整的产业创新发展的整体功能。在智能生产与服务网络条件下，新型产业创新平台继承、整合和发展传统产业平台的各项职能，完整地形成了现代产业创新发展的整体功能。新型产业创新平台的主要特点是行为主体和产业要素的协同耦合和全程价值链的重构；其运行模式也由传统的单向小循环转变成开放立体网络循环。

基于上述背景，本章将详细阐述智能生产与服务网络条件下新型产业创新平台的运行模式和运行机制。

第二节　智能生产与服务网络体系中新型产业创新平台结构解析

第三章第二节提到，智能生产与服务网络中新型产业创新平台包含五个子系统：智能生产与服务组织系统、科学技术支撑系统、信息感知与传输系统、基础设施（软、硬设施）支撑系统、平台规制系统（包括技术规范系统和主体行为规范系统）[3]。这五个子系统解析如下。

一、智能生产与服务组织系统

智能生产与服务组织系统的主要职能是为新型产业创新平台运行提供一系列便利性安排，如建立智能装配模块、铺设服务网络、技术交易与成果转化等。其中，建立智能装配模块是核心职能，其形式可分为三类：创建标准型模块、创建适应型模块和创建应变型模块。智能模块基本构成将在第八章具体讨论。

二、科学技术支撑系统

科学技术支撑系统在互联网支持下，通过信息分析，搜寻符合新型产业创新平台需求的研发元素和技术成果，进而通过联结机制使跨区域的研发和技术资源实现互联互通，实现对新型产业创新平台创新链和产业链各环节的科技资源和成果的供给。科学技术支撑系统为新型产业创新平台核心组件，主要由“产学研金”构成。智能生产与服务网络条件下，随着云计算、大数据、物联网等新一代信息技术的广泛应用，新型产业创新平台内企业的边界变得愈加模糊，企业与科研院所或高等院校等在联结扩展中，逐渐形成迥异于传统产业技术体系的产业创新支撑系统。

三、信息感知与传输系统

信息感知与传输系统具有实时感知和传输信息、辅助优化决策和动态执行的特点。传统产业平台由于缺乏透明度，信息的感知和传输需要很高的资金成本和时间成本，出现问题时也难以对具体环节进行追踪处理。而新型产业创新平台的信息感知与传输系统则是一个透明可靠的统一信息处理器，其可实时进行信息采集、自动识别，并将有效信息传输到新型产业创新平台中。同时，其通过面向产品全生命周期的海量异构信息的挖掘提炼、推理预测和计算分析，形成优化制造过程的决策指令。

四、基础设施支撑系统

基础设施支撑系统是支撑平台运行的人才、物流、信息和金融等方面的基础设施构成的网络系统（包括互联网等现代基础设施）。基础设施支撑系统是一个开放的、全球化的系统，其以开放式、多元化、利益共享、风险共担为原则，为新型产业创新平台提供流通、通信、设备、场所和资料等基础设施和物质要素。

五、平台规制系统

平台规制系统包括技术标准规范系统和主体行为规范等，主要通过制定一系列规范，如平台界面标准、进入与退出制度、责权利安排、奖惩制度等，保障平台健康、有效运行。平台规制系统又可具体分为平台标准化系统和平台界壳套防护系统。统一的规则和制度在平台建设中极其重要；在平台各模块化组织之间建立统一的标准化界面规则，可使不同主体的研发技术和零部件产品达到良好适配性。统一的界壳套防护系统可实现对平台的动态化管理；平台内外主体依据规则进入和退出平台，使平台兼具开放性和稳定性。

第三节　智能生产与服务网络体系中新型产业创新平台运行机制

智能生产和服务网络条件下，新型产业创新平台是一个复杂的产业组织网络系统，其必然存在平台领导权、资源共享效率和利益分配博弈等一系列问题。要突破传统产业平台的局限性，实现新型产业创新平台的良性运行，须通过一定的运行机制予以保障。新型产业创新平台需要建立和遵循的机制包括建设导向机制、协同创新机制、领导权动态变化机制、产业生态演化机制、资源共享机制、风险共担机制、模块化耦合机制和立体网络效应机制[4]。

一、建设导向机制

建设导向机制是推动新型产业创新平台发展的各种动力的形成与传导机制。政府调控和市场作用是产业创新平台运行的两种基本动力。在平台发展的不同阶段，它们的作用机制有所差异。政府调控由政府在平台运行过程中对产业需求、管理制度等进行干预，并通过政策规制间接调控平台内部协调竞争、协同和利益关系。政府可切实推动各类减免税、费用抵扣、加速折旧等政策的出台和落实，加大平台运行资金扶持力度，重点支持各产业领域关键核心技术研发、新产品产业化、技术改造、智能制造、公共服务，同时探索建立地方财政资金和社会资本共同支持平台发展的投融资机制，以解决平台运行的资金瓶颈和发展动力问题。市场作用主要通过市场机制自发调节市场矛盾、产品更迭和创新需求等，并在平台内部实现资源共享和技术扩散。随着平台运行过程中的创意激增，平台成果转化功能将通过传导机制发挥作用。

在平台建设初期，政府提供适合产业创新平台发展的政策环境，采用政策引导、技术支持和资金扶持等手段，从宏观上引导和促进产业创新平台建设和发展；坚持以市场机制为导向，依靠市场力量实现各种资源与要素在产业生态圈内的流动和优化配置，促进传统产业生态圈的优化升级。

在平台建设成长期，依据商业和产业生态圈进化理论，以市场为主导，以全程价值链效益最大化为目标，平台建设实现优胜劣汰。平台主要目标是寻求平台网络价值的引爆点，实现平台网络价值最大化，协调好各方利益，为平台可持续发展提供动力。

在平台建设成熟期，在以市场为主导的基础上，更多地探讨未知领域，创造全球新的价值增长点。这不仅可以极大促进全球经济发展，并且可以在一定程度上缓解未来金融危机爆发带来的风险。聚焦产业创新平台的系统性价值，以产业创新平台企业的核心利益为出发点，建立一个完善的生态系统和产业创新平台。产业创新平台上的群体彼此连接、互动和交流、相互融合协同演化，形成对平台企业的共同依赖，进而产生巨大的跨界协同效应。

二、协同创新机制

协同创新机制保障平台的价值创造主体从单一产业内的企业个体向跨产业的企业网络转变。其本质是智能生产与服务网络条件下产业创新平台综合统筹设计的拓展和最优化。协同创新机制下，行为主体（企业、研发组织等）不再孤立存在，而是在平台中联合起来，形成一个个“神经元”，即以智能产业元的形式存在（不同智能产业元可同享同一个新型产业创新平台）。协同创新机制包含两方面内容：一是功能合理配置，主要将重叠的功能和重置的设备进行系统合并，以保障整体功能，避免重复投资；二是功能优势互补，系统中各子系统有其特定功能，可独立工作，但有时也需要子系统间协同工作，实现全局管理，提高智能化程度。因此，智能生产与服务网络条件下，协同创新机制使得新型产业创新平台中的所有功能优化组合，以升级整体功能，降低总体成本，提高综合效率。

三、领导权动态变化机制

智能生产与服务网络体系中，产业创新平台是一种跨组织网络，具有无疆界性和高度异质性。在这个复杂网络中，平台领导权是如何赢得的呢？刘林青等认为[5]，平台领导权获取是一个动态过程：提出系统性价值主张→主动去扩大网络→将新的信息资源去物质化→系统中的“价值”进行聚核→平台领导权组织；由此往复循环。可见，平台领导权是在产业生态圈中通过激烈的竞争获得的。由于知识、技术和竞争环境的飞速变化，平台领导权很难保持持久生命力，已经获取的平台领导权也极有可能在下一个竞争循环中被取代，这也是产业生态圈生态竞争和进化的必然体现。领导权动态变化在具体生产过程中也可以表现如下：在本次生产中平台领导者可能是平台中的自组织，也有可能是全程价值链某一环节上的企业或机构等；但在下一次生产中，具有核心价值和核心竞争力的另外一个组织有可能成为平台的领导者。领导权这种更迭机制，或者说领导权动态变化机制，保证了新型产业创新平台领导权始终都由提出新的核心价值主张的行为主体（平台成员）所掌握；每一次领导权更迭都意味着新的核心价值主张的出现和形成，都意味着平台的迭代、更新和升级。

四、产业生态演化机制

自然生态系统的演化是指物质在一个开放的自然系统中，由无序到有序、由同质到异质、从低级到高级的一个迭代和进化的过程。新型产业创新平台中的企业和自组织与外界环境进行物质交换，进行资源整合和运筹，形成一个产业生态系统。产业生态系统类似于自然生态系统，企业和自组织之间激烈竞争的同时，又相互共生，不断地迭代重生和可持续进化发展，达到了“优胜劣汰”的最终结果，实现了产业生态系统的演化，促进中低端产业升级，如图 5-1 所示。在产业生态系统演化的过程中，平台成员作为自主经营体，实现自我经营、自我驱动，并构成利益共同体，分享进化超值价值。超值价值是通过智能会计核算体系核算的每个成员为平台所创的价值。新型产业创新平台依据行为主体（平台成员）所创造的超值价值来进行价值分享。自然生态系统的演化是自然选择的结果，产业生态系统的演化与其最大的不同点就是倒逼机制。这种倒逼机制通过全程价值链中出现的问题，快速迭代运行过程中出现的问题，重塑商业模式，再造全程价值链，借此提升平台成员素质和价值功能，拓展市场，延伸业务层面的生态链，简化平台管理，使平台在更高层次上更轻、更灵活地运转。

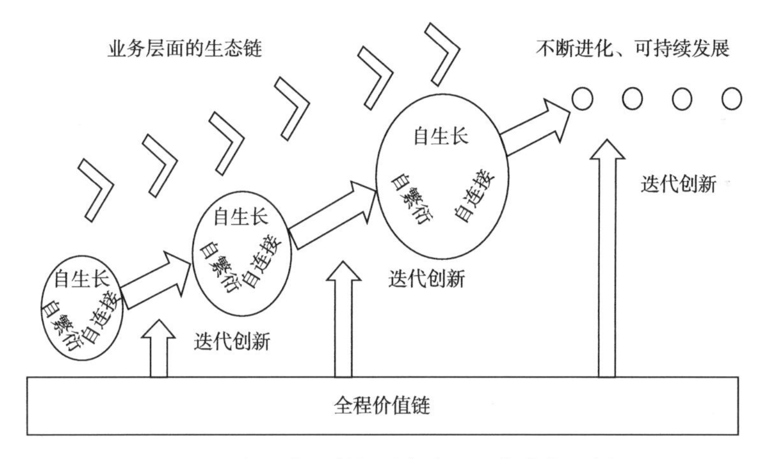

图 5-1　新型产业创新平台产业生态演化机制

五、资源共享机制

新型产业创新平台是一个知识、技能集聚的平台，通过人才、科技、稀有资源及大型设备、创新实验中心、创新创意中心等资源的核聚（这里的核聚是功能、技术、信息意义上的核聚，不一定是表现在空间意义上的核聚），形成了一个资源共享中心，产业创新平台包括资源核聚子平台和资源共享子平台，如图 5-2 所示。各种资源（人才资源、科技资源、稀缺资源及各种大型实验中心和创新创意中心等）通过资源核聚子平台集聚到产业创新平台中，在知识发酵的作用下，裂变出几何倍数去物质化的产业创新资源；企业通过产业创新平台，在服务支持系统的辅助下，在全球范围内发现并获取企业所需资源，使得资源得到高效利用，避免重复建设和资源浪费，进而大幅度降低企业寻求与开发资源成本。资源在核聚过程中，初始相对孤立的“资源孤岛”有机融合，形成资源共享链和相互交织资源共享网络（在本质上，资源共享网络是一个复杂的资源交易网络）；资源共享管理自组织同时产生，负责资源共享途径和利益分配等。资源需求者通过产业创新平台的自组织和市场力量，依据价值规律和成本效益原则，支付较低的平台服务费和资源使用费使用所需资源；平台自组织获取服务费，资源提供者获取资源使用费。

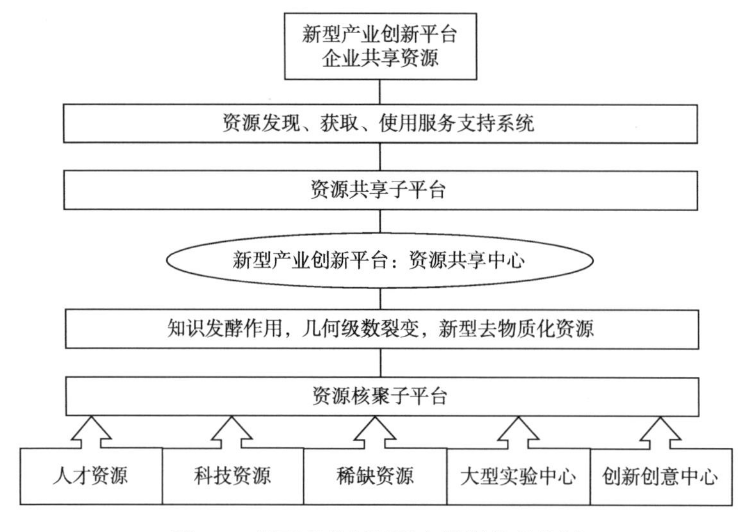

图 5-2　新型产业创新平台资源共享机制

六、风险共担机制

风险共担机制确保新型产业创新平台建设和运行过程中及时处理来自内部和外部的风险。内部风险主要来自战略决策、组织领导和计划控制等方面；外部风险主要来自社会发展环境、经济发展政策和国内外市场变化等方面。新型产业创新平台的系统性、动态性和优胜劣汰机制，决定着它的风险共担机制。不管风险发源于新型产业创新平台的哪一行为主体，它带来的损失都会由平台相关行为主体直接或间接地分散承担。另外，引入“区块链”技术，利用其“抗攻击”的特点，保证平台价值链形成点对点的数字价值转移，可提升传输和交易的安全性。

七、模块化耦合机制

在智能生产和服务网络条件下，产业创新平台包含众多具有自律性和相对独立的模块，这些模块可以是创新机构、生产企业、服务组织和经济系统，也可以是全程价值链上的某一个环节或者是具体产品价值构成部分。模块耦合机制是基于全程价值链，以知识模块耦合为载体，将具有自律性和相对独立的模块通过一定的规则以耦合方式与其他要素相互联系，构成高效率的耦合网络集群，如图 5-3 所示。模块化耦合网络集群有四大特性：一是动态性。平台按照价值最优、成本最小化的原则，调动各模块在动态环境中进行耦合和互动，实现动态全程价值最大化。二是虚拟性。在全程价值链体系中，各模块高效耦合，形成了虚拟的新型价值链；由于耦合网络群体具有动态性，虚拟价值链不是一成不变的，而是根据个性化定制、柔性化设计、模块化集成和全程价值链供给的需要，使不同模块根据价值链需求进行虚拟耦合，形成相对稳定的虚拟整体。三是协同性。在产业创新平台中，各模块按照一定的规则有效地自我发展和自我演化，形成网络协作系统，实现网络协同创新效应。四是生态性。当原有的模块不再适应产业创新平台发展的需求时，旧的模块将被淘汰，新的模块将替代旧的模块进入平台，这样就形成新一轮重大模块化创新的开始，从而实现优胜劣汰，使产业发展呈现出螺旋演进的态势。

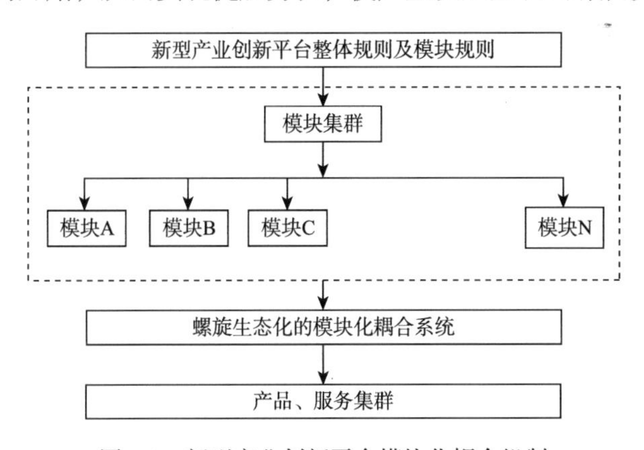

图 5-3　新型产业创新平台模块化耦合机制

由于环境和技术等因素的不确定性，模块耦合过程中很可能会出现无效耦合，也可能会有各种潜在的系统矛盾和冲突。因此，螺旋生态化的模块耦合系统自带模块耦合检测子系统，以分析和检测存在问题，并据系统参数及耦合规制解决问题，优化耦合过程；如问题超出耦合检测子系统所能处理的范围，系统将自动将问题提交平台领导组织，寻求解决策略。

八、立体网络效应机制

模块化生产网络突破了原有产业的有形疆界，真正形成了跨地区、跨国界的网络组织，具有了全球化的特征；与此同时，全程价值链突破了传统价值链的单一直线形式，在空间上纵横交错，与社会子网络、网络服务子网络形成了立体网络空间，产生立体网络效应，如图 5-4 所示。在立体网络效应机制下，产业创新平台产生内部协同效应和正外部效应。相对独立的模块交互行为，首先引起整体网络价值的几何级数增长，产生平台内部协同效应；其次引发模块外部的双边或者多边价值的扩大，使得产业生态和社会价值集聚增加，产生正外部效应。

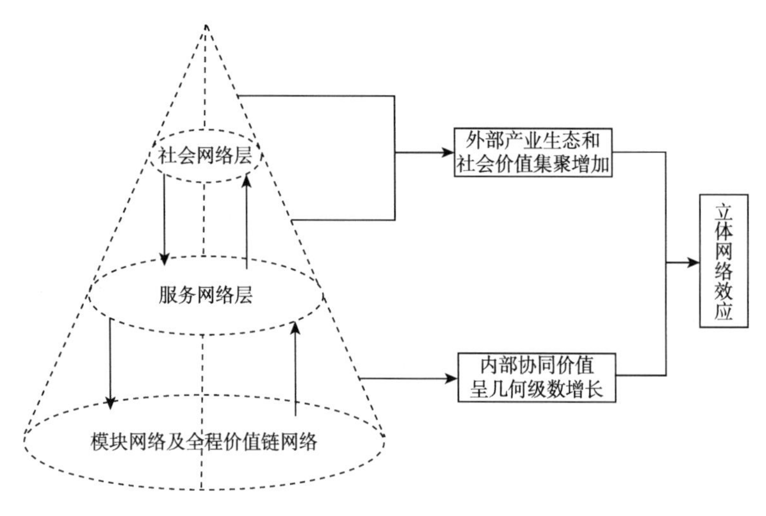

图 5-4　新型产业创新平台的立体网络效应机制

第四节　本 章 小 结

步入“互联网+”和“工业 4.0”时代，智能生产与服务网络涵盖了大数据、物联网和全渠道物流等方面，作为产业组织系统的新型产业创新平台的地位和作用无可取代。本章重点解析了智能生产与服务网络体系中新型产业创新平台各构成系统的具体职能和平台运行机制。研究认为，智能生产与服务网络条件下，新型产业创新平台是具备个性化定制、模块化集成和全程价值链供给功能的综合系统；新型产业创新平台通过建设导向机制、协同创新机制、领导权动态变化机制、产业生态演化机制、资源共享机制、风险共担机制、模块化耦合机制、立体网络效应机制来保障平台高效、稳定运行。

智能生产与服务网络条件下，新型产业创新平台是动态演进的系统，其组织体系、功能结构、保障机制和运行机制等会随着科学技术，尤其是网络信息技术的不断进步而不断升级。因此，对新型产业创新平台运行模式的诠释有待于进一步深入和完善。

参考文献

[1] 刘志彪. 为实现现代化打下坚实产业基础[N]. 人民日报，2016-08-25.

[2] 王磊，谭清美，王斌. 传统产业高端化机制研究——基于智能生产与服务网络体系[J]. 软科学，2016，30（11）：1-4.

[3] 谭清美，房银海，王斌. 智能生产与服务网络条件下产业创新平台存在形式研究[J]. 科技进步与对策，2015，32（23）：62-66.

[4] 姜启波，王斌，谭清美. 新型产业创新平台功能及其运行机制[J]. 现代经济探讨，2016，（11）：74-78.

[5] 刘林青，雷昊，谭畅. 平台领导权争夺：扩网、聚核与协同[J]. 清华管理评论，2015，（3）：20-30.

第六章　基于演化博弈的新型产业创新平台领导策略

第一节　引　　言

新型产业创新平台是在政府大力推进“互联网+”战略背景下，基于德国“工业 4.0”及“中国制造 2025”提出的一种更加强调链接、开放、共享的网络状平台生态系统[1]。与传统产业平台在供应链管理中强调对资源的控制不同，新型产业创新平台逐步打破资源获取壁垒，平台内各参与主体突破创新界壳散布于价值网络各节点，处于网络核心位置的网络协调员被称为平台领导者[2]。平台领导者能否成功发挥自身独特优势，协调平台内各参与主体能否进行协同创新，是关乎平台能否存在的根本。

现有与平台领导相关的研究可以分为两类，平台领导的理论基础研究和依托具体行业的平台领导实践研究。基于合作创新视角的平台领导理论基础研究主要关注平台协同创新路径、合作机制、冲突分析、合作伙伴选择等问题。例如，Choi 和 Phan 基于资源依赖理论给出了平台领导者获得和保持平台生态系统霸权的合理解释：平台领导者的权力取决于平台参与主体对平台领导者构建的平台生态系统的依赖程度[3]；姚凯等基于模块化视角将防降价均衡用于网络状产业链创新的动态博弈过程中，提出平台领导者通过模块规则的知识产权、互补品创新的横向兼容与标准升级的纵向兼容等一系列策略，协调网络状产业链各参与主体的价值创新行为[4]；王雪原等结合 TRIZ 对区域创新平台功能、理想解、可用资源、冲突域、矛盾问题解决方法、平台功能优化效果等开展了系统研究[5]；王宏起和刘希宋通过系统研究技术联盟各发展阶段组织学习的主要内容和学习方式，运用组织学习思想建立了发展高新技术企业综合优势的策略模型[6]；陈红花和王宁基于合作博弈模型对开放式创新模式下企业如何寻找高质量合作伙伴进行了研究[7]；赵映雪在研究技术联盟合作伙伴选择的基础上，对企业与合作伙伴间的协同创新研发活动、协同创新资源配置和协同创新平台管理进行研究，验证了技术联盟合作伙伴选择对协同创新行为的正向影响[8]。依托具体行业的平台领导实践研究主要包括对某一领域典型的创新平台进行现状分析，在此基础上归纳出平台成功运行的一般规律。例如，Perrons 对英特尔和供应商之间高度分享的财务数据和专有技术信息进行分析，认为平台领导者推进平台战略需具备的两个重要条件，即相互信任和相对仁慈的控制[9]；张利飞通过对微软、英特尔、思科、IBM 等企业案例的研究，从技术标准、合作盈利、研发模式及内外部冲突协调等角度概括出创新平台领导战略[10]；金杨华和潘建林以淘宝网为个案，构建平台领导与用户创业协同发展的嵌入式开放创新模型，在此基础上，提出培育体系竞争力驱动平台领导开放创新，提升用户平台创业能力驱动多线性平台嵌入[11]。

纵观以往关于产业创新平台领导的研究成果，主要呈现以下特点：①主要探讨平台结构设置、模块划分的合理性，对平台领导者在平台发展过程中的角色扮演、权力来源、领导策略等研究相对不足；②研究视角多以平台领导者对平台资源控制基础上的霸权领导为主，基于平台领导者和参与主体之间相互制衡关系研究不足；③针对具体行业进行的研究集中在电子互联网领域，而对于其他行业的研究相对匮乏。

针对现有研究的相对不足，本书将新型产业创新平台领导者、参与主体、平台领导、演化博弈等联系起来，纳入一个系统研究框架，基于有限理性，重点研究平台领导者策略选择与参与群体策略选择的互动机制；分析演化博弈过程和各自策略选择的内在机理，并分析对影响该系统演化过程稳定的重要因素。

第二节 新型产业创新平台领导策略博弈模型

一、模型假设

企业主导的产业创新平台领导者与传统产业创新平台更多依靠政府管理不同，前者的领导权确立通常需要经历一个曲折的过程。刘林青等提出焦点企业在不断壮大平台生态圈的同时，借助平台领导权的“方向盘模型”，通过提出系统性价值主张、去物质化、扩网和聚核四个关联行动推动自身实现螺旋上升、从边缘到核心。但是在平台领导权逐步确立的过程中，产业创新平台内部的平台领导者和各参与主体的目标并不完全一致，为突出研究重点和降低问题的复杂性，给出以下假设。

假设 1：平台领导策略博弈模型包含两大主体，即平台领导者和平台参与群体。

新型产业创新平台领导者职责与传统产业创新平台内政府主管部门的领导职责不同，前者的领导职责分为两方面：一方面，要维护平台日常运行、制定平台战略规划并引导参与群体实现平台战略目标；另一方面，需要开展自身的生产经营活动。新型产业创新平台参与群体是平台参与者组成的集合，其科研、生产及协同创新能力决定平台发展高度。

假设 2：新型产业创新平台领导者的策略有完全领导、不完全领导，平台各参与主体的策略有积极作为、消极作为。

在博弈主体有限理性的条件下，平台领导者和平台的诸多参与主体在决策时无法立即确定使自己收益最大化的策略。平台领导者根据平台发展状况和自身特征，可能会以平台利益最大化为目标制定一系列战略并对平台各参与主体实施完全领导，也可能因为完全领导成本过高而选择相对松散的不完全领导降低运营成本，提高参与主体的自主权而实现平台群体收益最大化。平台内的各参与主体根据自身发展阶段和平台所能提供支撑服务可能会以平台利益最大化为目标选择积极配合平台领导者的领导，借助平台的发展促进自身的发展积极作为，也可能把自身利益放在首位，对平台领导者的领导采取消极作为，以实现自身利益的最大化。无论采取何种策略，都是产业创新平台内两大主体经过长期的学习模仿，不断进行策略调整后的结果。

假设 3：博弈主体（平台领导者和平台参与主体）的收益为一般收益和平台超额收益的代数和。

一般收益是指产业创新平台领导者和参与者运用自身拥有的资源禀赋进行生产、科研等活动获得的产出收益。无论是平台领导者还是平台参与主体都具有一般收益，且含义相同。平台超额收益是指借助产业创新平台的运行产生的超额收益。对于平台领导者来说，其平台超额收益包括两个部分，一部分是平台超额收益分配后的剩余价值，另一部分是对平台参与主体的罚款；对平台参与主体来说，其平台超额收益主要是指获得的平台超额收益分配。此外平台领导者对平台完全领导需要付出一定成本，同时平台参与主体的实际生产运营也会因此受到干扰产生一定损失。

二、模型符号说明及支付矩阵设定

新型产业创新平台参与主体 Partner_i 拥有的资源禀赋为 x_i，平台领导者拥有

的资源禀赋为 x_y 。当平台领导者选择完全领导时，平台创造的总价值为 $V_{\text{Com}} = f_1(x_1, x_2, \cdots, x_n, x_y)$ ；当平台领导者选择不完全领导时，平台创造的总价值为 $V_{\text{inCom}} = f_2(x_1, x_2, \cdots, x_n, x_y)$ ，且 $V_{\text{Com}} > V_{\text{inCom}}$ 。ρ_i 表示 Partner_i 对平台创造的总价值的索取份额，满足 $0 < \rho_i < 1$ ，$0 < \sum_{i=1}^{n} \rho_i < 1$ 。由于利润函数是价格的一次齐次函数，若大宗商品 g 的价格为 m，则生产要素 x_i 和 x_y 的市场平均价格分别为 m_i 和 m_y 。对价格标准化处理，令大宗商品 g 的价格为 $m/m=1$ ，则生产要素 x_i 的价格为 $m_i/m=\omega_i$ ，生产要素 x_y 的价格为 $m_y/m=\omega_y$ 。则平台参与主体 Partner_i 的一般收益为 $\omega_i x_i$ ，平台领导者的一般收益为 $\omega_y x_y$ 。两个博弈主体拥有四种不同的策略组合，在不同策略组合下平台领导者对平台参与群体的管理费用具有差异性，用 L_{11}（完全领导，积极作为）、L_{12}（不完全领导，积极作为）、L_{21}（完全领导，消极作为）、L_{22}（不完全领导，消极作为）分别表示四种策略选择下的管理费用，其中 $L_{12} < L_{22} < L_{11} < L_{21}$。当平台领导者进行完全领导时，平台总体目标对平台参与主体 Partner_i 的生产、科研活动产生一定约束，若 Partner_i 采取积极作为策略配合平台领导者开展活动，则存在对自身目标的偏离而产生直接损失 s_i ；若 Partner_i 采取消极作为策略，努力追求自身直接利益最大化，则会产生收益 q_i 。为了激励 Partner_i 积极配合领导，在进行完全领导情况下，若 Partner_i 积极配合，则会受到奖励 r_i ；若选择消极抵抗，则会受到惩罚 p_i 。平台领导者和平台参与群体的得益矩阵如表 6-1 所示。

表 6-1　平台领导者和平台参与群体的得益矩阵

项目		平台领导者：完全领导	平台领导者：不完全领导
平台参与群体	积极作为	$\sum_{i=1}^{n}(\omega_i x_i + \rho_i V_{\text{Com}} - s_i + r_i)$ ， $\omega_y x_y + \left(1-\sum_{i=1}^{n}\rho_i\right)V_{\text{Com}} - L_{11} - \sum_{i=1}^{n} r_i$	$\sum_{i=1}^{n}(\omega_i x_i + \rho_i V_{\text{inCom}} - s_i)$ ， $\sum_{i=1}^{n}(\omega_i x_i + \rho_i V_{\text{inCom}} - s_i)$
平台参与群体	消极作为	$\sum_{i=1}^{n}(\omega_i x_i + \rho_i V_{\text{Com}} + q_i - p_i)$ ， $\omega_y x_y + \left(1-\sum_{i=1}^{n}\rho_i\right)V_{\text{Com}} - L_{21} + \sum_{i=1}^{n} p_i$	$\sum_{i=1}^{n}(\omega_i x_i + \rho_i V_{\text{inCom}} + q_i)$ ， $\omega_y x_y + \left(1-\sum_{i=1}^{n}\rho_i\right)V_{\text{inCom}} - L_{22}$

注：n 为平台参与群体中包含的企业数量

第三节 新型产业创新平台领导策略演化博弈

假设平台参与群体以平台利益最大化为目标选择积极作为的概率为α，则以自身利益最大化为目标的概率为$1-\alpha$。平台领导者采取完全领导的概率为β，则采用不完全领导的概率为$1-\beta$。由得益矩阵可知，平台参与群体采取积极作为的期望收益π_1为

$$\pi_1=\beta\sum_{i=1}^{n}\left(\omega_i x_i+\rho_i V_{\text{Com}}-s_i+r_i\right)+\left(1-\beta\right)\sum_{i=1}^{n}\left(\omega_i x_i+\rho_i V_{\text{inCom}}-s_i\right) \tag{6-1}$$

平台参与群体采取消极作为的期望收益π_2为

$$\pi_2=\beta\sum_{i=1}^{n}\left(\omega_i x_i+\rho_i V_{\text{Com}}+q_i-p_i\right)+\left(1-\beta\right)\sum_{i=1}^{n}\left(\omega_i x_i+\rho_i V_{\text{inCom}}+q_i\right) \tag{6-2}$$

平台参与群体的混合策略，即采用积极策略和消极策略的平均收益$E(\pi)$为

$$\begin{aligned}E(\pi)&=\alpha\pi_1+(1-\alpha)\pi_2\\&=\alpha\left[\beta\sum_{i=1}^{n}\left(\omega_i x_i+\rho_i V_{\text{Com}}-s_i+r_i\right)+\left(1-\beta\right)\sum_{i=1}^{n}\left(\omega_i x_i+\rho_i V_{\text{inCom}}-s_i\right)\right]\\&\quad+\left(1-\alpha\right)\left[\beta\sum_{i=1}^{n}\left(\omega_i x_i+\rho_i V_{\text{Com}}+q_i-p_i\right)+\left(1-\beta\right)\sum_{i=1}^{n}\left(\omega_i x_i+\rho_i V_{\text{inCom}}+q_i\right)\right]\end{aligned} \tag{6-3}$$

产业创新平台领导者采取完全领导的期望收益Π_1为

$$\begin{aligned}\Pi_1&=\alpha\left[\omega_y x_y+\left(1-\sum_{i=1}^{n}\rho_i\right)V_{\text{Com}}-L_{11}-\sum_{i=1}^{n}r_i\right]\\&\quad+\left(1-\alpha\right)\left[\omega_y x_y+\left(1-\sum_{i=1}^{n}\rho_i\right)V_{\text{Com}}-L_{21}+\sum_{i=1}^{n}p_i\right]\end{aligned} \tag{6-4}$$

产业创新平台领导者采取不完全领导的期望收益Π_2为

$$\Pi_2=\alpha\left[\omega_y x_y+\left(1-\sum_{i=1}^{n}\rho_i\right)V_{\text{inCom}}-L_{12}\right]+(1-\alpha)\left[\omega_y x_y+\left(1-\sum_{i=1}^{n}\rho_i\right)V_{\text{inCom}}-L_{22}\right] \quad (6\text{-}5)$$

平台领导者的混合策略，即采用完全领导与非完全领导的平均收益 $E(\Pi)$ 为

$$\begin{aligned}E(\Pi)&=\beta\Pi_1+(1-\beta)\Pi_2\\&=\beta\left\{\alpha\left[\omega_y x_y+\left(1-\sum_{i=1}^{n}\rho_i\right)V_{\text{Com}}-L_{11}-\sum_{i=1}^{n}r_i\right]+(1-\alpha)\left[\omega_y x_y+\left(1-\sum_{i=1}^{n}\rho_i\right)V_{\text{Com}}-L_{21}+\sum_{i=1}^{n}p_i\right]\right\}\\&\quad+(1-\beta)\left\{\alpha\left[\omega_y x_y+\left(1-\sum_{i=1}^{n}\rho_i\right)V_{\text{inCom}}-L_{12}\right]+(1-\alpha)\left[\omega_y x_y+\left(1-\sum_{i=1}^{n}\rho_i\right)V_{\text{inCom}}-L_{22}\right]\right\}\end{aligned} \quad (6\text{-}6)$$

根据 Malthusian 方程[12]，选择积极策略的平台参与群体和平台领导者的比例动态变化速度可分别表示为 $F(\alpha)$ 和 $G(\beta)$：

$$F(\alpha)=\mathrm{d}\alpha/\mathrm{d}t=\alpha\left[\pi_1-E(\pi)\right] \quad (6\text{-}7)$$

$$G(\beta)=\mathrm{d}\beta/\mathrm{d}t=\beta\left[\Pi_1-E(\Pi)\right] \quad (6\text{-}8)$$

联立式（6-1）~式（6-3）和式（6-7）可得平台参与群体的动力系统Ⅰ：

$$F(\alpha)=\alpha(1-\alpha)\left[\beta\sum_{i=1}^{n}(r_i+p_i)-\sum_{i=1}^{n}(s_i+q_i)\right]$$

联立式（6-4）~式（6-6）和式（6-8）可得平台领导者的动力系统Ⅱ：

$$G(\beta)=\beta(1-\beta)\left\{\alpha\left[-L_{11}+L_{12}+L_{21}-L_{22}-\sum_{i=1}^{n}(r_i+p_i)\right]-L_{21}+L_{22}+\sum_{i=1}^{n}p_i+\left(1-\sum_{i=1}^{n}\rho_i\right)(V_{\text{Com}}-V_{\text{inCom}})\right\}$$

一、演化路径及演化稳定策略

首先，对平台参与群体的动力系统Ⅰ进行演化稳定分析。

令 $F(\alpha)=0$，可得系统Ⅰ的平衡点为 $\alpha_1^*=0$ 和 $\alpha_1^*=1$。

根据微分方程的稳定性定理，当动力系统Ⅰ满足 $\mathrm{d}F(\alpha^*)/\mathrm{d}\alpha^*$ 时，α^* 为演化稳定策略（evolutionary stable strategy，ESS）。对 $F(\alpha)$ 求导得

$$\begin{aligned}F'(\alpha)&=\mathrm{d}F(\alpha)/\mathrm{d}\alpha\\&=(1-2\alpha)\left[\beta\sum_{i=1}^{n}(r_i+p_i)-\sum_{i=1}^{n}(s_i+q_i)\right]\end{aligned}$$

情形一：当$0<\sum_{i=1}^{n}(s_i+q_i)/\sum_{i=1}^{n}(r_i+p_i)\leqslant 1$时，有

$$\sum_{i=1}^{n}(\omega_i x_i+\rho_i V_{\text{Com}}-s_i+r_i)-\sum_{i=1}^{n}(\omega_i x_i+\rho_i V_{\text{Com}}+q_i-p_i)=\sum_{i=1}^{n}(p_i+r_i-q_i-s_i)>0 \tag{6-9}$$

$$\sum_{i=1}^{n}(\omega_i x_i+\rho_i V_{\text{Com}}-s_i)-\sum_{i=1}^{n}(\omega_i x_i+\rho_i V_{\text{Com}}+q_i)=-\sum_{i=1}^{n}(s_i+q_i)<0 \tag{6-10}$$

式（6-9）和式（6-10）表示在情形一下，在平台领导者完全领导时，平台参与群体采取积极作为的收益大于采取消极作为的收益；在平台领导不完全领导时，平台参与群体采取积极作为的收益小于采取消极作为的收益。

（1）当$\beta=\sum_{i=1}^{n}(s_i+q_i)/\sum_{i=1}^{n}(r_i+p_i)$时，$F(\alpha)\equiv 0$，对于任意$\alpha$都是稳定状态；

（2）当$\beta>\sum_{i=1}^{n}(s_i+q_i)/\sum_{i=1}^{n}(r_i+p_i)$时，$\beta\sum_{i=1}^{n}(r_i+p_i)-\sum_{i=1}^{n}(s_i+q_i)>0$，$F'(\alpha_1^*)>0$，$F'(\alpha_2^*)<0$，故$\alpha_2^*=1$是演化稳定策略，即经过长期演化，有限理性的平台参与群体将采取积极作为配合平台领导者开展科研、生产活动。

（3）当$\beta<\sum_{i=1}^{n}(s_i+q_i)/\sum_{i=1}^{n}(r_i+p_i)$时，$\beta\sum_{i=1}^{n}(r_i+p_i)-\sum_{i=1}^{n}(s_i+q_i)<0$，$F'(\alpha_1^*)<0$，$F'(\alpha_2^*)>0$，故$\alpha_1^*=0$是演化稳定策略，即经过长期演化，有限理性的平台参与群体将更加注重自身个体利益的实现，会采取消极作为以实现自身利益最大化。

情形二：当$\sum_{i=1}^{n}(s_i+q_i)/\sum_{i=1}^{n}(r_i+p_i)>1$时，有

$$\sum_{i=1}^{n}(\omega_i x_i+\rho_i V_{\text{Com}}-s_i+r_i)-\sum_{i=1}^{n}(\omega_i x_i+\rho_i V_{\text{Com}}+q_i-p_i)=\sum_{i=1}^{n}(p_i+r_i-q_i-s_i)<0 \tag{6-11}$$

$$\sum_{i=1}^{n}(\omega_i x_i+\rho_i V_{\text{Com}}-s_i)-\sum_{i=1}^{n}(\omega_i x_i+\rho_i V_{\text{Com}}+q_i)=-\sum_{i=1}^{n}(s_i+q_i)<0 \tag{6-12}$$

式（6-11）和式（6-12）表示在情形二下，无论平台领导者是采取何种领导策略，平台参与群体选择消极作为的收益都大于积极作为时的收益。此时，对$\forall\beta\in[0,1]$，有$\beta<\sum_{i=1}^{n}(s_i+q_i)/\sum_{i=1}^{n}(r_i+p_i)$，$F'(\alpha_1^*)<0$，$F'(\alpha_2^*)>0$，故$\alpha_1^*=0$是演化稳定策略。平台参与群体采用消极作为的演化稳定策略，且其策略选择不依赖于平台领导者的策略选择。系统 I 的动态演化过程如图 6-1 所示。

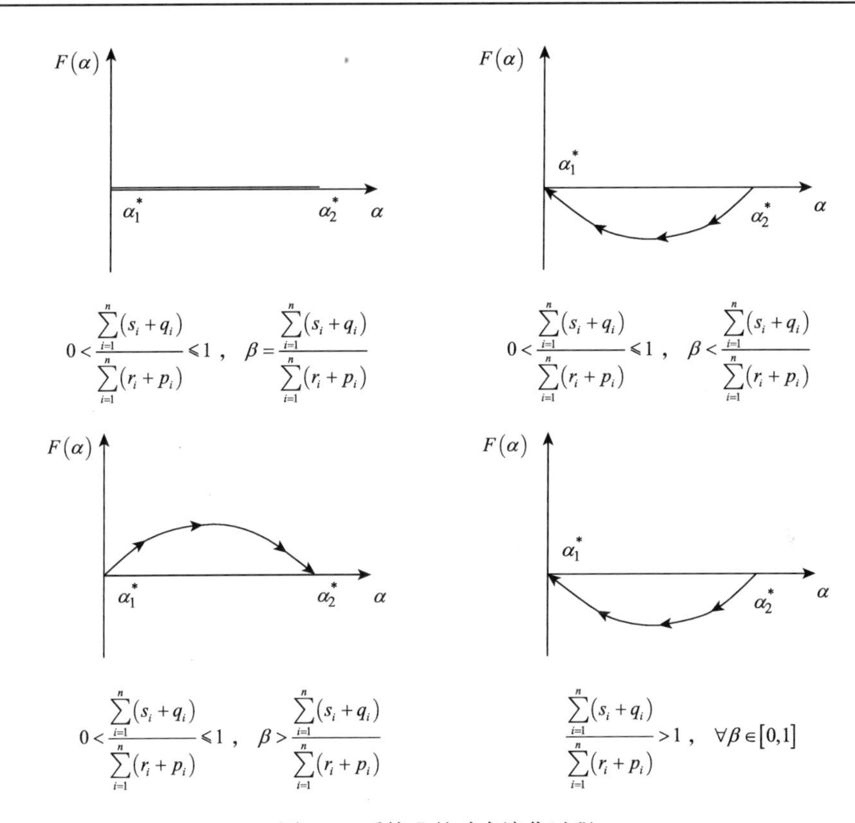

图 6-1　系统Ⅰ的动态演化过程

其次，对平台领导者的动力系统Ⅱ进行演化稳定分析。

$$G(\beta)=\beta(1-\beta)\left\{\alpha\left[-L_{11}+L_{12}+L_{21}-L_{22}-\sum_{i=1}^{n}(r_i+p_i)\right]-L_{21}+L_{22}+\sum_{i=1}^{n}p_i+\left(1-\sum_{i=1}^{n}\rho_i\right)(V_{\text{Com}}-V_{\text{inCom}})\right\}$$

令 $G(\beta)=0$，可得系统Ⅱ的平衡点为 $\beta_1^*=0$ 和 $\beta_2^*=1$。

根据微分方程的稳定性定理，当动力系统Ⅱ满足 $\mathrm{d}G(\beta^*)/\mathrm{d}\beta^*$ 时，β^* 为演化稳定策略。对 $G(\beta)$ 求导得

$$G'(\beta)=\mathrm{d}G(\beta)/\mathrm{d}\beta$$
$$=(1-2\beta)\left\{\alpha\left[-L_{11}+L_{12}+L_{21}-L_{22}-\sum_{i=1}^{n}(r_i+p_i)\right]-L_{21}+L_{22}+\sum_{i=1}^{n}p_i+\left(1-\sum_{i=1}^{n}\rho_i\right)(V_{\text{Com}}-V_{\text{inCom}})\right\}$$

为了更精确地阐述问题，现作如下定义：

定义 6.1：本章构建的博弈模型包括四种策略集｛（完全领导，积极作为）；（完全领导，消极作为）；（不完全领导，积极作为）；（不完全领导，消极作为）｝。其中，将｛（完全领导，消极作为）；（不完全领导，积极作为）｝定义为逆向选择策略集，将｛（完全领导，积极作为）；（不完全领导，

消极作为）｝定义为同向选择策略集。

定义 6.2：$L_{21}-\sum_{i=1}^{n}p_i+L_{22}$为平台参与群体和领导者出现逆向选择时，平台领导者的支出费用，简称逆向选择领导费；$L_{11}-\sum_{i=1}^{n}r_i+L_{22}$为平台参与群体和领导者出现同向选择时，平台领导者的支出费用，简称同向选择领导费。

情形一：当$-L_{11}+L_{12}+L_{21}-L_{22}-\sum_{i=1}^{n}(r_i+p_i)=0$时，对$\forall\alpha\in[0,1]$有

$$G'(\beta_1^*)=-L_{21}+L_{22}+\sum_{i=1}^{n}p_i+\left(1-\sum_{i=1}^{n}\rho_i\right)(V_{\text{Com}}-V_{\text{inCom}})>0$$

$$G'(\beta_2^*)=L_{21}-L_{22}-\sum_{i=1}^{n}p_i-\left(1-\sum_{i=1}^{n}\rho_i\right)(V_{\text{Com}}-V_{\text{inCom}})<0$$

因此，$\beta_2^*=1$为演化稳定策略，即经过长期演化，有限理性的平台领导者会采取完全领导策略且其策略选择不依赖于参与群体的策略选择。

情形二：当$-L_{11}+L_{12}+L_{21}-L_{22}-\sum_{i=1}^{n}(r_i+p_i)<0$，且

$$0<\frac{L_{21}-L_{22}-\sum_{i=1}^{n}p_i-\left(1-\sum_{i=1}^{n}\rho_i\right)(V_{\text{Com}}-V_{\text{inCom}})}{-L_{11}+L_{12}+L_{21}-L_{22}-\sum_{i=1}^{n}(r_i+p_i)}\leqslant 1$$时，分类讨论如下：

（1）当$\alpha=\dfrac{L_{21}-L_{22}-\sum_{i=1}^{n}p_i-\left(1-\sum_{i=1}^{n}\rho_i\right)(V_{\text{Com}}-V_{\text{inCom}})}{-L_{11}+L_{12}+L_{21}-L_{22}-\sum_{i=1}^{n}(r_i+p_i)}$时，$G(\beta)\equiv 0$，对于任意$\beta$都是稳定状态。

（2）当$\alpha<\dfrac{L_{21}-L_{22}-\sum_{i=1}^{n}p_i-\left(1-\sum_{i=1}^{n}\rho_i\right)(V_{\text{Com}}-V_{\text{inCom}})}{-L_{11}+L_{12}+L_{21}-L_{22}-\sum_{i=1}^{n}(r_i+p_i)}$时，$\alpha\left[-L_{11}+L_{12}+L_{21}-L_{22}-\sum_{i=1}^{n}(r_i+p_i)\right]-L_{21}+L_{22}+\sum_{i=1}^{n}p_i+\left(1-\sum_{i=1}^{n}\rho_i\right)(V_{\text{Com}}-V_{\text{inCom}})>0$。因此，有$G'(\beta_1^*)>0$，$G'(\beta_2^*)<0$。所以$\beta_2^*=1$为演化稳定策略，即经过长期演化，有限理性的平台领导者会采取完全领导策略。

（3）当$\alpha > \dfrac{L_{21}-L_{22}-\sum_{i=1}^{n}p_i-\left(1-\sum_{i=1}^{n}\rho_i\right)(V_{\text{Com}}-V_{\text{inCom}})}{-L_{11}+L_{12}+L_{21}-L_{22}-\sum_{i=1}^{n}(r_i+p_i)}$时，$\alpha\left[-L_{11}+L_{12}+L_{21}-L_{22}-\sum_{i=1}^{n}(r_i+p_i)\right]-L_{21}+L_{22}+\sum_{i=1}^{n}p_i+\left(1-\sum_{i=1}^{n}\rho_i\right)(V_{\text{Com}}-V_{\text{inCom}})<0$。因此，$G'(\beta_1^*)<0$，$G'(\beta_2^*)>0$。所以$\beta_1^*=0$为演化稳定策略，即经过长期演化，有限理性的平台领导者会采取不完全领导策略。

情形三：当$-L_{11}+L_{12}+L_{21}-L_{22}-\sum_{i=1}^{n}(r_i+p_i)<0$，且$\dfrac{L_{21}-L_{22}-\sum_{i=1}^{n}p_i-\left(1-\sum_{i=1}^{n}\rho_i\right)(V_{\text{Com}}-V_{\text{inCom}})}{-L_{11}+L_{12}+L_{21}-L_{22}-\sum_{i=1}^{n}(r_i+p_i)}>1$时，$\left(1-\sum_{i=1}^{n}\rho_i\right)(V_{\text{Com}}-V_{\text{inCom}})>L_{11}+\sum_{i=1}^{n}r_i-L_{12}>L_{21}-\sum_{i=1}^{n}p_i-L_{22}$，即消极作为下的平台领导者领导费用差额小于积极作为下的领导费用差额且小于平台超额收益分配后的剩余价值时，对$\forall\alpha\in[0,1]$，$\alpha\left[-L_{11}+L_{12}+L_{21}-L_{22}-\sum_{i=1}^{n}(r_i+p_i)\right]-L_{21}+L_{22}+\sum_{i=1}^{n}p_i+\left(1-\sum_{i=1}^{n}\rho_i\right)(V_{\text{Com}}-V_{\text{inCom}})>0$。因此，$G'(\beta_1^*)>0$，$G'(\beta_2^*)<0$。所以$\beta_2^*=1$为演化稳定策略，即经过长期演化，有限理性的平台领导者会采取完全领导策略，不依赖于参与群体的策略选择。

情形四：当$-L_{11}+L_{12}+L_{21}-L_{22}-\sum_{i=1}^{n}(r_i+p_i)>0$时，$L_{21}-L_{22}-\sum_{i=1}^{n}p_i-\left(1-\sum_{i=1}^{n}\rho_i\right)(V_{\text{Com}}-V_{\text{inCom}})<0$，因此对$\forall\alpha\in[0,1]$，$\dfrac{L_{21}-L_{22}-\sum_{i=1}^{n}p_i-\left(1-\sum_{i=1}^{n}\rho_i\right)(V_{\text{Com}}-V_{\text{inCom}})}{-L_{11}+L_{12}+L_{21}-L_{22}-\sum_{i=1}^{n}(r_i+p_i)}<0\leqslant\alpha$，从而$\alpha\left[-L_{11}+L_{12}+L_{21}-L_{22}-\sum_{i=1}^{n}(r_i+p_i)\right]-L_{21}+L_{22}+\sum_{i=1}^{n}p_i+\left(1-\sum_{i=1}^{n}\rho_i\right)(V_{\text{Com}}-V_{\text{inCom}})>0$，$G'(\beta_1^*)>0$，$G'(\beta_2^*)<0$。所以$\beta_2^*=1$为演化稳定策略，即经过长期演化，有限理性的平台领导者会采取完全领导策略且其策略选择不依赖于参与群体的策略选择。系统Ⅱ的动态演化过程如图 6-2 所示。

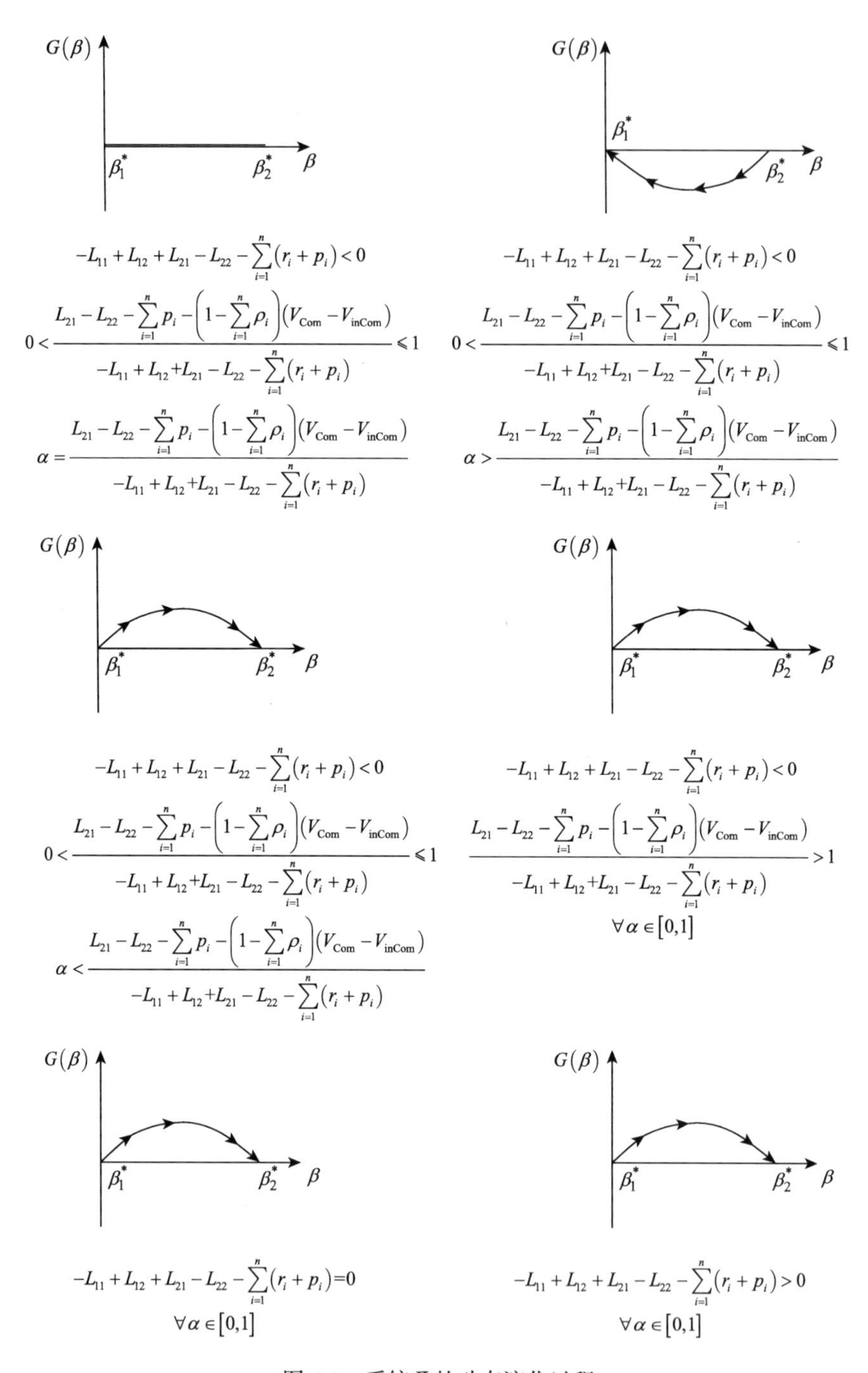

图 6-2 系统Ⅱ的动态演化过程

二、模型讨论

将产业创新平台领导者和参与群体的动态演化过程用一个坐标平面图表示，如图 6-3 所示。

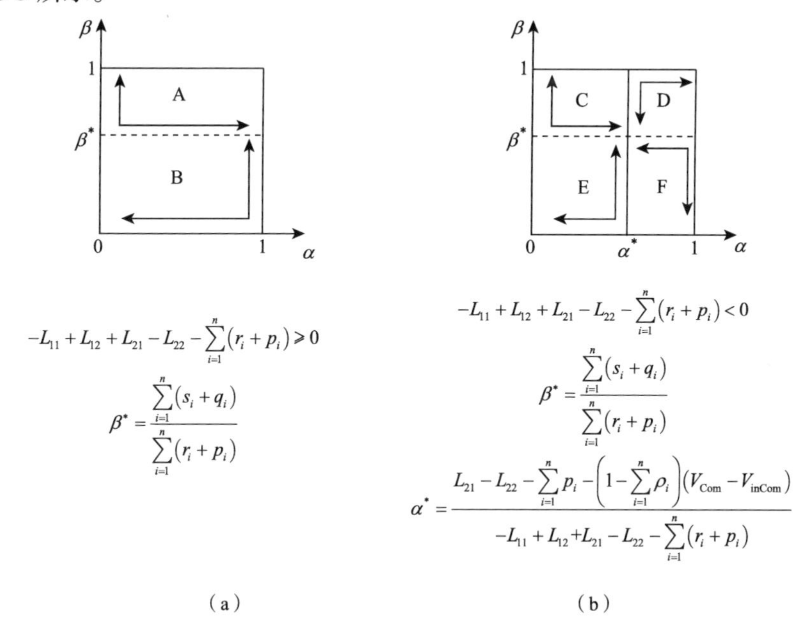

图 6-3　产业创新平台领导者和参与群体动态演化和稳定性

（一）演化稳定策略

博弈过程在四种情况下存在演化稳定策略：

情况一：若 $-L_{11}+L_{12}+L_{21}-L_{22}-\sum_{i=1}^{n}(r_i+p_i)\geqslant 0$，即 $L_{21}-\sum_{i=1}^{n}p_i+L_{12}\geqslant L_{11}+\sum_{i=1}^{n}r_i+L_{22}$ 时，图 6-3（a）只包含 A、B 两个区域，$\beta=1$ 是演化稳定策略，即逆向选择领导费大于或等于同向选择领导费时，最终平台领导者会采取完全领导策略，且其策略选择不依赖于参与群体的策略选择。

情况二：若 $-L_{11}+L_{12}+L_{21}-L_{22}-\sum_{i=1}^{n}(r_i+p_i)<0$，且 $\frac{L_{21}-L_{22}-\sum_{i=1}^{n}p_i-\left(1-\sum_{i=1}^{n}\rho_i\right)(V_{\mathrm{Com}}-V_{\mathrm{inCom}})}{-L_{11}+L_{12}+L_{21}-L_{22}-\sum_{i=1}^{n}(r_i+p_i)}>1$ 时，恒有

$\alpha < \dfrac{L_{21} - L_{22} - \sum_{i=1}^{n} p_i - \left(1 - \sum_{i=1}^{n} \rho_i\right)\left(V_{\text{Com}} - V_{\text{inCom}}\right)}{-L_{11} + L_{12} + L_{21} - L_{22} - \sum_{i=1}^{n}\left(r_i + p_i\right)}$。此时，图 6-3（b）只包含 C、E 两个区域，β =1 是演化稳定策略，即消极作为下的平台领导者领导费用差额小于积极作为下的领导费用差额且小于平台超额收益分配后的剩余价值时，最终平台领导者会采取完全领导策略，且其策略选择不依赖于平台参与群体的策略选择。

情况三：若 $\sum_{i=1}^{n}\left(s_i + q_i\right) / \sum_{i=1}^{n}\left(r_i + p_i\right) > 1$ ，恒有 $\beta < \sum_{i=1}^{n}\left(s_i + q_i\right) / \sum_{i=1}^{n}\left(r_i + p_i\right)$ ，此时，图 6-3（b）只包含 E、F 两个区域，α =0 是演化稳定策略，即平台参与群体采取消极作为相对于采取积极作为导致自身直接收益增加值大于两种决策下从平台领导者处获得的损益差异值时，最终平台参与群体会采取消极作为，且其策略选择不依赖于平台领导者的策略选择。

（二）非稳定策略

当 $0 < \sum_{i=1}^{n}\left(s_i + q_i\right) / \sum_{i=1}^{n}\left(r_i + p_i\right) \leqslant 1$ 时，平台参与群体采取消极作为相对于采取积极作为导致自身直接收益增加值小于或者等于两种决策下从平台领导者处获得的损益差异值。

当 $L_{21} - \sum_{i=1}^{n} p_i + L_{12} < L_{11} + \sum_{i=1}^{n} r_i + L_{22}$ ，且 $\left(1 - \sum_{i=1}^{n} \rho_i\right)\left(V_{\text{Com}} - V_{\text{inCom}}\right) \leqslant L_{11} + \sum_{i=1}^{n} r_i - L_{12}$ 时，逆向选择领导费小于同向选择领导费，且平台超额收益分配后的剩余价值小于积极作为下的领导者费用差额。这两种情况下没有都演化稳定策略。最终的均衡状态取决于平台领导者和参与群体的学习调整的速度。

生产实践过程中，产业创新平台更趋向于能够得到平台领导者的完全领导，且平台参与群体能够选择积极作为。此时，平台领导者和平台参与群体之间建立起一种互信的良好关系，平台领导者完全信任参与群体能够积极配合领导工作，参与群体也将产业创新平台整体利益放在首位，既降低了平台内部参与者之间的各种损耗，也增加了产业创新平台的协同效益。但事实上，当平台领导者趋向于选择完全领导策略时，由于平台参与群体的收益状况受多种利弊条件的制约，具体选择何种策略一方面取决于平台领导者的完全领导策略对于平台整体收益的贡献程度，另一方面受领导者激励惩罚力度、参与群体自身盈利水平等多个约束条件的影响。当平台参与群体通过衡量两种策略的利弊后做出正确的抉择后，平台领导者出于对自身利益的追求，会根据参与群体的策略对约束条件的相关参数进行调整，调整之后的策略又会影响参与群体的收益状况，此时参与群体又会做出新的抉择，不断循环。因此，产业创新平台领导者和参与群体互信互利关系的建立，必须在双方的博弈过程中加强对约束条件的控制，使得二者的目标趋于一致。

第四节　本章小结

本章把智能生产与服务网络中新型产业创新平台内领导者和参与群体视为一个“学习”的渐进系统，强调其动态性和学习性，基于领导者和参与群体的有限理性建立产业创新平台领导策略的演化博弈模型，从一个新的视角分析了产业创新平台领导策略问题，主要结论如下。

（1）在长期的演化过程中，当平台参与群体采取消极作为相对于采取积极作为导致自身直接收益增加值大于两种决策下从平台领导者处获得的损益差异值时，最终平台参与群体会采取消极作为策略，且其策略选择不依赖于平台领导。

（2）在长期的演化过程中，当逆向选择领导费大于或者等于同向选择领导费时，最终平台领导者会采取完全领导策略；当消极作为下的平台领导者领导费用差额小于积极作为下的领导费用差额且小于平台超额收益分配后的剩余价值时，最终平台领导者会采取完全领导策略。这两种情况下，平台领导者的策略选择都不依赖于参与群体的策略选择。

（3）在长期的演化过程中，当平台参与群体采取消极作为相对于采取积极作为导致自身直接收益增加值小于或者等于两种决策下从平台领导者处获得的损益差异值时，或者当逆向选择领导费小于同向选择领导费，且平台超额收益分配后的剩余价值小于积极作为下的领导费用差额时，产业创新平台领导者和参与群体的策略选择依赖于对方的策略选择概率，最终的均衡状态取决于两者的学习调整速度。为使博弈均衡达到最优状态，一方面尽量控制各策略下的领导费用，使得逆向选择领导费与同向选择领导费尽量保持相等，此时有助于促进平台领导者采取完全领导策略。在此基础上，一方面将平台参与群体的提成比 ρ_i 按照各自贡献控制在一定合理范围，若 ρ_i 过大，则不利于平台领导者采取完全领导策略，因此在激励方面尽量控制提成激励水平，而以物质直接奖励 r_i 为主；另一方面增加惩罚力度，随着惩罚力度 p_i 的增大，平台参与群体选择消极作为被发现时承受的损失更大，甚至远远超过其所获得的额外收益，当平台参与群体采取消极作为相对于采取积极作为导致自身直接收益增加值小于两种决策下从平台领导者处获得的损益差异值时，平台参与群体的策略将稳定为积极作为，以保证自己收益的最大化。如此，平台领导者和参与群体之间建立起一种互信互利的良好关系，增加平台的整体收益，发挥平台的整体优势。

参 考 文 献

[1] 谭清美，房银海，王斌. 智能生产与服务网络条件下产业创新平台存在形式研究[J]. 科技进步与对策，2015，（23）：62-66.

[2] 刘林青，谭畅，江诗松，等. 平台领导权获取的方向盘模型——基于利丰公司的案例研究[J]. 中国工业经济，2015，（1）：134-146.

[3] Choi B-C，Phan K. Platform leadership in business ecosystem：literature-based study on resource dependence theory（RDT）[C]. Technology Management for Emerging Technologies，2012：133-138.

[4] 姚凯，刘明宇，芮明杰. 网络状产业链的价值创新协同与平台领导[J]. 中国工业经济，2009，（12）：86-95.

[5] 王雪原，王宏起，孙晓宇. 基于 TRIZ 的区域创新平台优化管理研究[J]. 科技进步与对策，2012，（19）：33-37.

[6] 王宏起，刘希宋. 高新技术企业战略联盟的组织学习及策略研究[J]. 中国软科学，2004，（3）：72-76.

[7] 陈红花，王宁. 开放式创新模式下企业合作博弈分析——基于互联网的视角[J]. 科技管理研究，2013，（24）：212-215.

[8] 赵映雪. 技术联盟合作伙伴选择对协同创新行为的影响[J]. 统计与决策，2016，（4）：54-56.

[9] Perrons R K. The open kimono：how Intel balances trust and power to maintain platform leadership[J]. Research Policy，2009，38（8）：1300-1312.

[10] 张利飞. 高科技企业创新生态系统平台领导战略研究[J]. 财经理论与实践，2013，（4）：99-103.

[11] 金杨华，潘建林. 基于嵌入式开放创新的平台领导与用户创业协同模式——淘宝网案例研究[J]. 中国工业经济，2014，（2）：148-160.

[12] Friedman D. Evolutionary game in economics[J]. Econometrica，1991，59（3）：637-666.

第七章　智能生产与服务网络体系中新型产业创新平台利益分配机制——基于灰数运算的 Shapley 值模型

第一节　引　言

随着经济全球化发展和知识经济时代的到来，科技的飞速发展促使产品创新加快，随之而来的创新风险也不断增大，仅依靠企业自主创新的力量远不能满足创新发展需要和抵御风险的要求。谭清美等基于“互联网+”和“工业 4.0”背景，提出智能生产与服务网络体系中，新型产业创新平台这一概念[1]；在这一平台内，生产企业、科研机构、服务单位等形成了理想的协同创新体系。在新型产业创新平台内，各合作单位的地位是平等的，但客观地说，各单位都是以营利为目的的。在合作中获得的利润，如何公平合理的分配，是个亟待解决的问题。一般而言，合作利益分配会受到生产要素投入、核心技术贡献，以及承担风险的大小等因素的影响。各合作单位通常按事先约定的权重，达成分配协议，采用 Shapley 值法进行分配合作收益。但是，实际生产过程中，劳动力、资本、技术等投入往往会随合作模式与市场形势的变化而发生变化，而且投入要素的价格在生产过程中可能随市场行情的波动发生变化，故而在合作的过程中，如果某一方觉得投入变化过大，提出重新分配利润而得不到其他合作方同意时，合作联盟可能面临瓦解。因此，以一般的 Shapley 值法来处理利润分配问题，在动态的市场波动中最终得到的分配结果往往令合作方不满意，这势必导致新型产业创新平台合作机制瓦解。针对以上情况，本章将灰色理论引入传统 Shapley 值利润分配法中，更加科学地对新型产业创新平台内各合作单位进行利润分配。

一般来说，合作平台的利润分配机制并不复杂，平台内掌握核心技术的单位，在合作中拥有话语权，利润分配的比重相对较高。马士华和王鹏通过研究供应链企业运行机制，提出用 Shapley 值法进行供应链合作伙伴间利益分配，并根据企业技术创新能力大小，对分配额进行调整，实现对企业技术创新的激励[2]。产业创新平台的合作模式是典型的动态合作模式，围绕利益分配过程中可分配利益确定、分配原则、分配方式制定三个环节，有学者建立了多人合作博弈的利益分配模型，补充了有效性和公平性约束，并提出了公平系数[3]。雷勋平和 Qiu 对经典 Shapley 函数进行改进，主要解决了没有哑元的合作对策问题，并以三级供应链利益分配为例阐述了该方法的实用性，改进的 Shapley 函数和经典 Shapley 函数在形式上具有一致性，是经典 Shapley 函数在模糊领域的一个自然延续和拓展[4]。刁丽琳等提出了 Shapley 等价分解定理，将一般性对策分解为一组 Shapley 等价的简单对策集合，对联盟活动中的权重进行更细致地区分[5]。阮爱清等将不确定性引入 Shapley 值模型中，并引入三端点区间数来改善模型的计算结果，通过企业联盟的算例说明了基于不确定性 Shapley 值模型的适用性[6]。

通过对文献的梳理，发现关于合作利益分配研究的文献主要围绕着 Shapley 值法展开，对 Shapley 值法进行理论改进大多从单一维度进行。例如，从风险承担、创新投入等某一方面去拟合传统 Shapley 值方法，当然也有学者从多维度考虑改进传统 Shapley 值法，但实际应用较少，主要原因是现实企业在合作过程中不会用这种复杂的方式进行利润分配。

传统企业合作平台模式中，利润分配机制较为简单，一般分为两种模式，第一种模式是事前分配模式，即合作各方在合作开始之前按投入的多少，确定分配比例，合作完成后按比例分配，在合作的过程中按投入的实际变化适当调整；第二种模式是事后分配模式，即各方完成合作后，按实际投入的多少，分配合作共盈利润。然而，在实际生产活动中，两种分配模式都存在弊端。事前分配模式主观性太强，未来收益、存在的风险、投入的变化等因素的不确定、不可预见，会导致合作各方事后对事前分配结果的不满。事后分配模式在分配结果上较事前分配模式更客观，但由于合作中，领导权可能在某一方，会导致其他各方利润获取信息不对称，在分配过程中处于被动地位；另外，如果合作周期过长，企业利润获得的时效无法保障，容易导致合作联盟的瓦解。可见，创新产品的市场价格和预期收益，均为不确定值，那么，利润分配模式显然不便于使用事前分配模式；由于创新研发周期较长，事后分配模式也不适用于新型产业创新平台合作机制。智能生产与服务网络体系中的新型产业创新平台，须规范一种新型产业合作模式。

综上所述，智能生产与服务网络体系下产业创新平台内各单位合作条件下的利润分配既需要具有事先分配模式的时效性，还应该具有事后分配模式的客观性。因此，平台内各单位的合作必须有科学的预分配机制。Shapley 值模型是事后分配模式较为常用的分配方法；灰数运算是较为成熟的预测方法。因此，本章将灰数运算引入 Shapley 值模型中，研究智能生产与服务网络体系下产业创新平台利益分配机制。

第二节　新型产业创新平台 Shapley 值利益分配模型

根据产业创新平台合作模式及 Shapley 值的定义，建立合作模式利益分配模型。假设某个产业创新平台内有 n 个单位，包括生产企业、研发机构、服务机构等单位，单位合作创造的效益大于或至少等于单独创造的效益之和。令 S 为符合产业创新平台规制的任一合作联盟，为方便研究，在产业创新平台内的生产企业、研发机构、服务机构中各取一家形成联盟 S，则 $S=\{x,y,z\}$，其中，x 为生产企业；y 为研发机构；z 为服务机构。根据 Shapley 值计算公式：

$$\Phi_i(V)=\sum_{i\in S}w(|S|)\left[V(S)-V(S-i)\right]$$

$$w(|S|)=(n-|S|)!(|S|-1)/n!$$

设 V_x 为生产企业 x 在非合作模式下单独运作所获得的利益；V_{xy} 为生产企业 x 与研发机构 y 合作后共同获得的利益；V_{xyz} 为生产企业 x、研发机构 y 与服务机构 z 合作后共同获得的利益。可得合作分配结果：

$$\Phi_x(V)=\frac{V_{xy}+V_{xz}-V_y-V_z}{6}+\frac{V_x-V_{yz}+V_{xyz}}{3}$$

同理可得

$$\Phi_y(V)=\frac{V_{xy}+V_{yz}-V_x-V_z}{6}+\frac{V_y-V_{xz}+V_{xyz}}{3}$$

$$\Phi_z(V)=\frac{V_{xz}+V_{yz}-V_x-V_y}{6}+\frac{V_z-V_{xy}+V_{xyz}}{3}$$

然而，在实际分配过程中，往往是合作前实行预分配，所以分配信息并不完全确定。因此，将灰数的概念引入 Shapley 值，对收益函数做预估。用 $\otimes$ 表示灰数，即 $V_i(\otimes)\in\left(\underline{V_i},\overline{V_i}\right)$，$i\in\{x,y,z,xy,xz,yz,xyz\}$。可得

$$\Phi_x(V)=\frac{V_{xy}(\otimes)+V_{xz}(\otimes)-V_y(\otimes)-V_z(\otimes)}{6}+\frac{V_x(\otimes)-V_{yz}(\otimes)+V_{xyz}(\otimes)}{3}$$

$$\Phi_y(V)=\frac{V_{xy}(\otimes)+V_{yz}(\otimes)-V_x(\otimes)-V_z(\otimes)}{6}+\frac{V_y(\otimes)-V_{xz}(\otimes)+V_{xyz}(\otimes)}{3}$$

$$\Phi_z(V)=\frac{V_{xz}(\otimes)+V_{yz}(\otimes)-V_x(\otimes)-V_y(\otimes)}{6}+\frac{V_z(\otimes)-V_{xy}(\otimes)+V_{xyz}(\otimes)}{3}$$

令灰数$V_i(\otimes)=V_i^*+\delta_i$，其中，$V_i^*$为白化值也是最可能值；$\delta_i$为扰动灰元，则将白化值$V_i^*$代入上述三式中，既得最可能获得的分配利益。

引入灰色系统理论，使得 Shapley 值模型可以更好地描述合作各方的现实利益分配情况。

第三节　利益分配模型不确定性风险测度

由于在 Shapley 值模型中引入了灰数，灰数的不确定性导致了合作中产业创新平台内各主体利益估计的风险，包括个体低、高估风险。其中，个体低估风险包括个体绝对低估风险$R_l(i)$和个体相对低估风险$r_l(i)$；个体高估风险包括个体绝对高估风险$R_h(i)$和个体相对高估风险$r_h(i)$。当利益分配的灰数值$V_i(\otimes)$给定时，个体的低估风险越大、高估风险越小，表示实际结果越接近灰数值的上限。这是合作各方所期望的结果。

设合作中某个单位估计利益分配为$V_i(\otimes)\in(\underline{V_i},\overline{V_i})$，最终实现利益分配为$V_i^*$，则该单位的风险分别为

$$R_l(i)=V_i^*-\underline{V_i}\qquad R_h(i)=\overline{V_i}-V_i^*$$

$$r_l(i)=\frac{V_i^*-\underline{V_i}}{\overline{V_i}-\underline{V_i}}\qquad r_h(i)=\frac{\overline{V_i}-V_i^*}{\overline{V_i}-\underline{V_i}}$$

个体风险度（individual risk degree）为

$$\mathrm{Ird}(i)\%=\frac{R_h(i)-R_l(i)}{R_h(i)+R_l(i)}\times100\%=\left[r_h(i)-r_l(i)\right]\times100\%$$

个体风险度的值是个区间灰数，即$\mathrm{Ird}(i)\%(\otimes)\in[-1,1]$，不同区间段内的值，有不同的含义，如表 7-1 所示。

表 7-1　区间灰数 $\mathrm{Ird}(i)\%(\otimes)$ 不同区间段意义

取值范围	−1	（−1，0）	0	（0，1）	1
风险意义	最大负风险	负风险	风险中性	风险高	风险最大

然而，基于灰色系统理论的 Shapley 值模型需要针对产业创新平台中所有合作单位进行收益分配预估，需要研究合作联盟低估风险和高估风险。一般来说，

以联盟 S 所有成员中，个体相对高估风险最大的某个单位为合作联盟高估风险，个体相对低估风险最大的为合作联盟低估风险。合作联盟风险与个体风险相似，当利润分配的灰数值 $V_i(\otimes)$ 给定时，合作联盟的低估风险越大、高估风险越小，实际结果越好。设合作联盟 S 的相对低、高估风险分别为 $\mathrm{Sr}_{\mathrm{l}}(i)$、$\mathrm{Sr}_{\mathrm{h}}(i)$，则合作联盟 S 的风险度为

$$\mathrm{Srd}(i)\% = \left[\mathrm{Sr}_{\mathrm{h}}(i) - \mathrm{Sr}_{\mathrm{l}}(i)\right] \times 100\%$$

与分析个体风险度步骤一样，可以分析合作联盟风险度。研究发现，引入灰数参数导致不确定性的产生，进而导致风险的存在。如果对 Shapley 值利益分配函数估计过于乐观，会导致估计风险过大；反之，会导致估计负风险产生。因此，个体风险度、合作联盟风险度可以作为不确定性估计的测度指标。

本章以算例说明模型风险测度。假设产业创新平台内的一次创新合作包括：生产企业 x、研发机构 y、服务机构 z。获利模式如表 7-2 所示。若想实现合作后利润分配值为

$$\Phi_x(V) = 12.3\text{，}\quad \Phi_y(V) = 22.4\text{，}\quad \Phi_z(V) = 7.4$$

则该次合作的个体利润分配灰数及各项风险如何？

表 7-2　合作获利模式

合作方式	合作单位	利润灰数 $V_i(\otimes)$	白化值（最可能值）V_i^*
独立经营	生产企业 x	[10，12]	11
	研发机构 y	[20，22]	21
	服务机构 z	[5，7]	5.5
两方合作	x、y 合作 z 单独经营	[33，35]	34
		[5，6]	5.5
	x、z 合作 y 单独经营	[28，30]	29
		[19，21]	20
	y、z 合作 x 单独经营	[18，20]	19.5
		[10，11]	10.4
三方合作	x、y、z 合作	[40，45]	43

根据表 7-2，计算个体利润分配灰数为

$$V_x(\otimes) \in [10.3, 14.7] = 12.8 + \delta_x$$

$$V_y(\otimes) \in [20.3, 24.7] = 22.6 + \delta_y$$

$$V_z(\otimes) \in [5.3, 9.7] = 7.6 + \delta_z$$

其中，δ_x、δ_y、δ_z为扰动灰元。由个体利润分配灰数可计算出各风险指标，如表 7-3 所示。从表 7-3 的计算结果得知：合作三方的 $\mathrm{Ird}(i)\% \in (0,1)$，即个体对风险持乐观态度，生产企业 x 最为乐观，服务机构 z 最接近中性，研发机构 y 也偏向于中性；$\mathrm{Srd}(i)\% = 8\%$，风险接近中性，即合作联盟对风险的态度并不过分乐观。

表 7-3 风险指标

参数	生产企业 x	研发机构 y	服务机构 z
$R_1(i)$	1.95	2.05	2.1
$r_1(i)$	0.443	0.466	0.477
$R_h(i)$	2.45	2.35	2.3
$r_h(i)$	0.557	0.534	0.523
$\mathrm{Ird}(i)\%$	11.4%	6.8%	4.5%
$\mathrm{Sr}_1(i)$	0.477		
$\mathrm{Sr}_h(i)$	0.557		
$\mathrm{Srd}(i)\%$	8%		

第四节 本章小结

产业结构转型升级是我国现阶段的工作重点，产业创新平台作为带动产业升级的引擎，其运行的稳定性是保证产业创新能力的必要条件。合理公正的利益分配机制，是确保产业创新平台稳定运行的重要因素之一。传统 Shapley 值利润分配法未考虑到市场合作未知因素的不确定性风险，所得结果偏于理想化。因此，本章在 Shapley 值模型基础上引入了灰色系统相关概念，并给出模型求解方法。对于灰数的引入导致原 Shapley 值模型中产生的预估风险，本章给出了相应的度量方法，并通过产业创新平台合作模式的算例分析，说明了新模型的使用方法。

参考文献

[1] 谭清美，房银海，王斌. 智能生产与服务网络条件下产业创新平台存在形式研究[J]. 科技进步与对策，2015，（23）：62-66.

[2] 马士华，王鹏. 基于 Shapley 值法的供应链合作伙伴间收益分配机制[J]. 工业工程与管理，

2006，11（4）：43-45.
[3] 李晓辉. 论企业战略联盟[J]. 山西财经大学学报，2009，1（2）：58.
[4] 雷勋平，Qiu R. Shapley 值法的改进及其应用研究[J]. 计算机工程与应用，2012，48（7）：23-25.
[5] 刁丽琳，朱桂龙，许治. 基于多权重 Shapley 值的联盟利益分配机制[J]. 工业工程与管理，2011，16（4）：79-84.
[6] 阮爱清，刘思峰，方志耕. 基于不确定性的 shapley 值模型及其风险研究[J]. 统计与决策，2009，（20）：15-17.

第八章　智能生产与服务网络体系中的装备制造业高端化创新平台

第一节　引　言

当前，我国装备制造业总产值位居世界第一，但距离装备制造强国目标尚有较大差距。比较而言，亟须高端化发展提速的行业突出体现在五大领域，即传统产业转型升级的重大成套装备，节能、环保与资源开发利用装备，新能源汽车等先进交通运输装备，高档数控机床等智能制造装备，关键基础件、精密仪器仪表和智能控制系统及满足新兴产业发展的专用装备①。实践和已有研究表明，在这些亟须提档升级的发展领域中，较为普遍地存在四个主要问题：一是产业结构层次低，价值链条底端化严重，限制产业功能扩展；二是工艺技术含量低，高附加值产品少，影响产品供给质量；三是要素结构失衡，成本陡然增加，束缚产业持续升级；四是产业发展环境规制较多，“政策机会主义”现象普遍，制约创新积极性[1~3]。这些问题集中反映出融入智能生产与服务网络时，传统装备制造业不胜其能，严重影响装备制造业高端化发展。

随着“中国制造 2025”战略日益深化，装备制造业生存与发展面临空前挑战和战略机遇，亟须寻求新的重要途径和方式向高端化转型升级。作为一种创新工具，产业创新平台因具备搭建创新载体、集结创新资源、研发创新产品等职能，在“互联网+”和“工业 4.0”背景下，通过与信息物理系统深度融合，结构和功能将发生跨越式变化，形成以智能决策、智能设计、智能生产、智能控制等为内容的“智能生产力”，有效促进传统产业的技术链升级、价值链升级和产业链升级。如果说，“产业创新平台是创新要素集成并引起产业变革，导致创新成果外溢及产业化的系统性形态”[4]，那么，在智能生产与服务网

① 根据《高端装备制造业“十二五”发展规划》《辽宁省促进装备制造业发展规定》整理。

络条件下，新型产业创新平台则是以信息物理系统为支撑、由产业关键技术决定的产业链（网）上的相关实体和要素构成的产业组织网络系统。它不仅具有“创新要素集成并引起产业变革，导致创新成果外溢及产业化”的职能，更具有功能网络集成、价值网络集成和全程价值链供给等职能。本章认为，新型产业创新平台，是互联网技术、数字信息与制造业深度融合的重要载体和基本模式；建立新型产业创新平台，实施功能网络集成、价值网络集成和全程价值链供给等创新驱动智能转型战略，实现技术链升级、价值链升级和产业链升级，是突破装备制造业创新发展瓶颈，推动产业高端化的重要途径和战略举措。

“工业 4.0”以信息物理系统、物联网与服务网为基础，需实施价值网络横向集成、全价值链点对点数字集成工程和纵向集成与网络制造体系[5]。Wahlster 以欧洲国家为例，在第三届欧洲未来互联网峰会上介绍了欧洲国家实施“工业 4.0 战略”[6]。智能生产与服务网络体系主要由智能技术系统和物联网及服务系统构成。智能生产包括智能制造系统和智能制造技术。智能制造系统基于智能制造技术，使制造系统中每个子系统分别实现智能化，并集成网络；智能制造技术则是利用计算机模拟人类活动，将人类活动与相应的机器设备有机结合，令其完成生产制造的一整套流程[7]。宏观上，智能生产旨在实现人类知识与高端装备有效衔接，通过高端装备将知识转换成实物，形成价值；微观上，智能生产通过智能设备和制造过程的智能化，改善制造主体功能缺陷与制造过程高耗散弊端，获取更优产品。与传统生产系统相比，智能生产系统能够有效促进人机一体，匹配虚拟场景与现实技术，显著提高生产过程柔性，同时具备自律与自我维护等多种特性。

服务网络贯穿智能生产全过程，参照互联网基本原理，主要通过需求分析和潜在风险预测，构建分布式服务与服务系统间的互联，形成以个性化为基本特征的“服务供需对接、服务资源推送、服务网络地图”等若干服务层面的基础设施[8]。物理资源和人工服务均可由物联网技术通过接入互联网，与线上的软件服务协同集成，故制造行业接触到的用户呈现多元化、集群化。与传统服务组合不同，服务网络并非为满足个性化需求而提供“一对一”的简单叠加功能，而是通过全程价值链提供“点对点”到位服务，即利用大数据（图 8-1）、云计算技术对用户过往服务需求进行分析，针对相同“点”的需求采取同一服务策略。

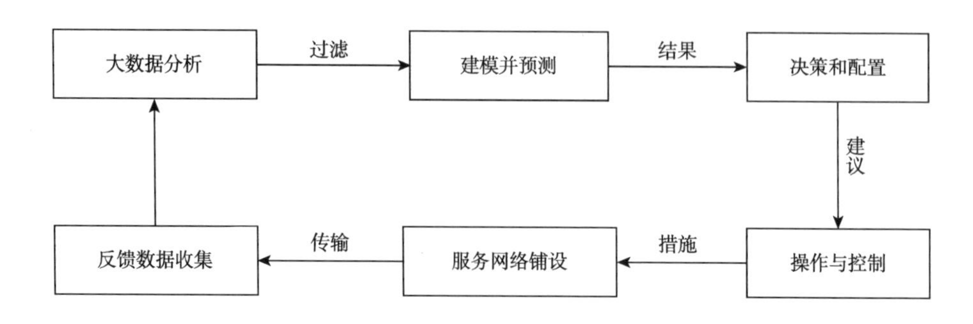

图 8-1 基于大数据的服务网络“点”铺设

第二节 新型产业创新平台推动产业高端化的原理和途径

一、新型产业创新平台推动产业高端化的基本原理

（一）基于作用主体视角

创新平台是产业创新体系的重要组成部分。从产业层面看，产业创新平台能够促进区域创新体系与产业创新管理的有机结合。以产业基础研究、共性技术研究、前沿技术研究等方式共同攻克技术难题，不仅满足产业发展需要，同时也为区域创新体系建设提供技术支撑。从企业层面看，已有研究表明装备制造企业在创新过程中存在人才、资金和知识等创新要素难以集结等突出问题，导致创新成本高昂。产业创新平台为缓解这些难题提供途径，一方面，创新人才具备实现创新价值意愿，但实现方式往往较为单一，以平台为载体通过实施有效的管理制度和标准规范可为创新人才铺设互联互通渠道，营造公平竞争的创新环境；另一方面，产业创新平台在弱化重复建设现象和改善资源共享机制方面具有十分突出的作用。同时，在提升创新成果市场化效率和降低企业技术创新风险方面，产业创新平台具有如下优势：①平台参与主体共同承担创新风险，分散风险作用点，这对蓬勃发展的中小企业而言尤为重要；②缓解由科技创新和知识外溢产生的创新成果转化压力，快速高效地形成价值，推动产业高端化发展。研究表明，我国科技成果收益率及成果技术转让率偏低，科技成果转化环境欠佳。通过创新孵化器、产业联盟、产业园等形式能够有效提升科技成果转化[9]。随着我国科技活动逐年增多，创新人才、创新资金等要素资源投入逐步增加，由此

产生的科技创新成果亟须寻求更多模式实现快速转化；而实践表明，产业创新平台在汇聚创新资源、构建创新成果孵化机制、促进科技与产业结合等方面已经具备较大优势[10]。

（二）基于产业演化视角

从演化经济学视角看，产业演化可看作一个非均衡变化的动态过程。在演化分析框架下，产业内企业被看成有着不同学习能力和适应能力的微观主体[11]。大量实证研究表明，产业在演化过程中经历产业技术、产业规模、产业组织三个共性变化[12]。根据 Abernathy 和 Utterback 产业创新动态演化模型（A-U 模型）及相关理论可知，产品创新是产业早期发展阶段的焦点；在产业过渡阶段，主导设计的出现使得产品创新转向工艺创新；当产业发展趋于稳定时，创新活动则由渐进式产品创新和工艺创新共同主导。智能生产与服务网络条件下，产业创新平台不仅符合 A-U 模型，而且更加突出功能提升和产业链升级，产业升级优先路径为“工艺升级→产品升级→功能升级→产业链升级”。根据“微笑理论”，产业链中的设计和营销服务能够更多地体现附加值；功能升级即向上、下游延伸价值链，如由加工制造环节向创意、设计、营销和服务等领域拓展。产业链升级，依靠某一产业链条上的知识积累和创新外溢向另一条价值含量更高、企业链条更宽、供需链条更长、空间链条更广四个维度跨越，主要表现形式如下：①利用知识创新等手段从生产领域延伸到生产性服务领域，拓宽企业链条；②通过兼并或重组等方式整合供应方和需求方，拉长供需链；③探索智能生产与服务网络组合方式，实现全球生产与供应，扩展产业空间链；④嵌入全球产业价值链，构建与其并行的国家产业价值链战略[13]，铸高价值链。

二、新型产业创新平台推动产业高端化的主要途径

（一）个性化定制

智能生产与服务网络条件下，为了有效支持以多样选择、参与设计、主导制造为特征的个性化消费，新型产业创新平台应当提供与个体特性相匹配的产品或服务，即具备个性化定制特征。首先，新型产业创新平台要充分开放产品库，把所有的产品类别都体现在可视界面上，通过智能化手段提供灵活的快速搜索和快速分类，实现产品与用户需求的敏捷对接，让用户以最小的成本做出选择。其次，新型产业创新平台要满足用户参与设计的需求，协助用户实现便利输入，得到定制化产品。最后，为让创意充分发挥效用，具备个性化定制功能的产业创新

平台要利用专业化工具，使用户成为生产制造过程中的重要参与者，共同主导产品创造全程。

（二）模块集成

智能生产与服务网络条件下，模块集成将成为新型产业创新平台的一个新特征。模块集成使得创新平台将由“镶嵌”于传统产业组织体系向“交织/交融”于智能生产与服务网络体系变革，在此过程中或将产生不同存在形式的产业创新平台。一方面，数字技术引起的智能化对产业创新提出了更高要求，创新效率低下的产业平台及战略联盟将濒临淘汰或被迫重组。根据亚当·斯密分工理论，模块及模块化分工[14]的诞生为获得“熊彼特租金”、提高产业竞争优势提供新思路。被视为分工更为细致、反应追求灵活的产业创新平台，须遵从产业分工理论和规律为产业创新和发展服务。另一方面，产业创新平台系统按照功能划分，形成若干结构完整的平台子模块。子模块通过独立创新和模块功能拓展，为产业创新平台系统创新提供支持。此外，模块与模块、模块与系统之间存在“接口结构单元”[15]，子模块须满足“接口”条件，以实现模块之间任意组合。换言之，不同功能的子模块通过协调组合和创新拓展，实现各自最优设计和平台系统及功能总体优化。

图 8-2（a）描述了产业创新平台内部的参与主体，$P_1,P_2,P_3,\cdots,P_n$ 概括了创新过程的若干环节；图 8-2（b）反映了模块功能集成条件下，产业创新演化具有的网络化特征[16]。装备制造产品或技术创新可分割成多个独立环节$\left(P_1,P_2,P_3,\cdots,P_n\right)$，在每一个产品或技术创新环节上，都有若干功能模块同时开展创新活动，形成相互竞争、优胜劣汰的创新生态圈。最具创新能力的模块获得机会和权利（图 8-2 中阴影模块），实现模块化集成并最终形成创新产品或技术。与传统产业创新平台不同，新型平台可同时在若干创新环节中发挥作用，彼此间不存在创新投入和产出的前后向关联。因此，这种“并行研发模块”使创新系统的复杂性得到分解，不仅能够提高创新效率，还能快速对市场变动做出反应并及时反馈，从而有效规避智能生产与服务网络体系中的潜在风险。

（三）全程价值链供给

全程价值链供给，即在智能网络系统支撑下，研发设计、生产计划、生产过程、市场营销和服务全程点对点到位。全程价值链供给的前提是功能网络集成和价值网络集成，后两者是前者的配套战略。随着、“工业 4.0”和“互联网+”逐步深化，效能低下企业须对其生产战略进行根本性调整。全程价值链供给为解决这一关乎企业存亡的战略问题注入新思维，引导企业供应的重点由全程产品价值

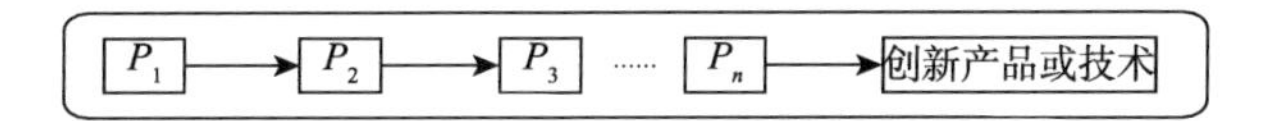

（a）单一或多个主体创新过程

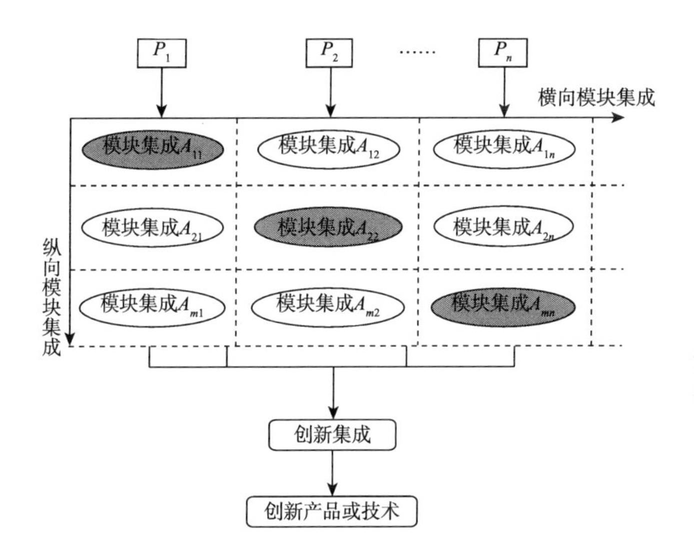

（b）网络状创新模块

图 8-2　装备制造产业创新平台模块功能集成

输出转向全程“服务+产品”供应。一方面，生产战略根本性变革迫使装备制造企业资金重组，风险巨大，未必使企业能够“转危为安”，相比而言，加大服务网络投资力度则事半功倍；另一方面，作为企业未来供应重点，服务网络需要创新元素实现持续、优质的产品体验，抢占市场先机。美好社会咨询社（A Better Community，ABC）在一项研究报告中指出，工业企业无法在生产过程中，一方面对控制、信息技术进行创新投资，另一方面消极等待结果。换言之，为适应“分布式”生产新时代[17]，工业企业需要低成本、高收益的创新协作模式，而新型产业创新平台正是一个合理选择。

借鉴刘林青等[18]的研究，本章以电子装备制造业为例，说明产业创新平台的全程价值供给战略，如图 8-3 所示。无论是终端设备还是服务平台，产业创新平台都应达到容易使用的、工业设计创新的效果，给予用户与众不同的体验。此外，为强化用户体验和充分发挥用户在价值创造中的作用，产业创新平台应不断拓展和提升互动功能，形成类似“自营零售店”的交互界面，保持与用户的直接接触。

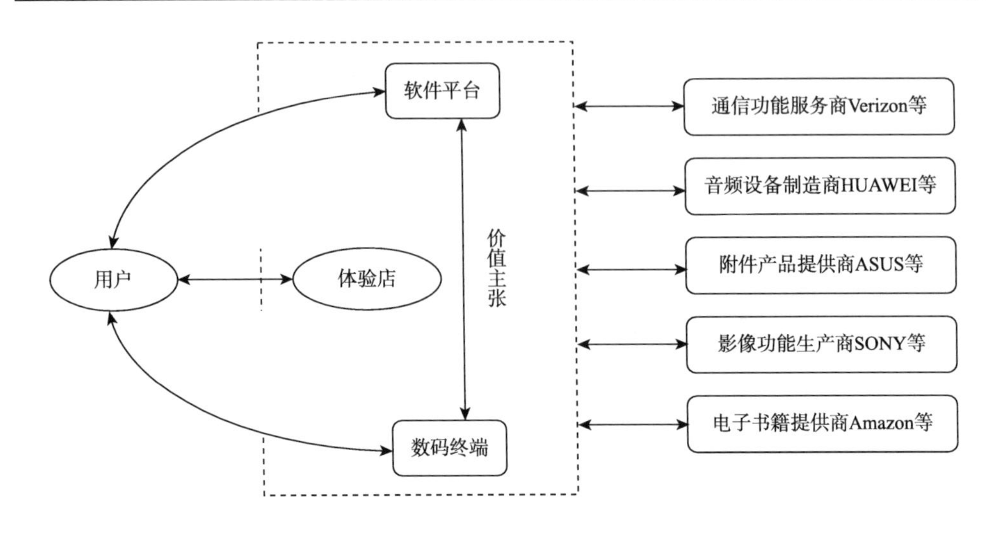

图 8-3 电子装备制品业的全程价值网络

第三节 智能生产与服务网络体系中新型产业创新平台支持系统

借鉴结构分析法及功能/价值分析法的基本思路，本章认为智能生产与服务网络条件下，新型产业创新平台包含四个基本系统：决策系统、信息感知与传输系统、智能生产与服务组织系统、创新支撑系统（图 8-4）。决策系统以政府主管部门、物联网技术应用及服务组织、物联网企业等为主，通过战略、政策、标准引导和激发产业共性技术和核心技术创新。信息感知与传输系统通过市场矛盾分析，结合市场前沿需求和用户实际需要，利用物联网智能模块传递研发信息，拥有模块操控职权的平台领导方下达生产信息，并开展对应服务以保持平台运行的前沿性、动态性。这一过程，是新型产业创新平台有别于产业创新园区、创新孵化器、创新技术联盟等传统创新实现模式的最为明显之处。

平台运行的价值环节包括：挖掘新创意、研发分工、协调模块化生产、集成模块化产品、新产品市场推广、分析市场新矛盾。首先，根据外部环境变化及市场需求，平台参与主体形成新创意且组织研发分工；其次，利用智能操控与协调系统开展模块化生产，把新创意凝结成新产品或新技术并推向市场。

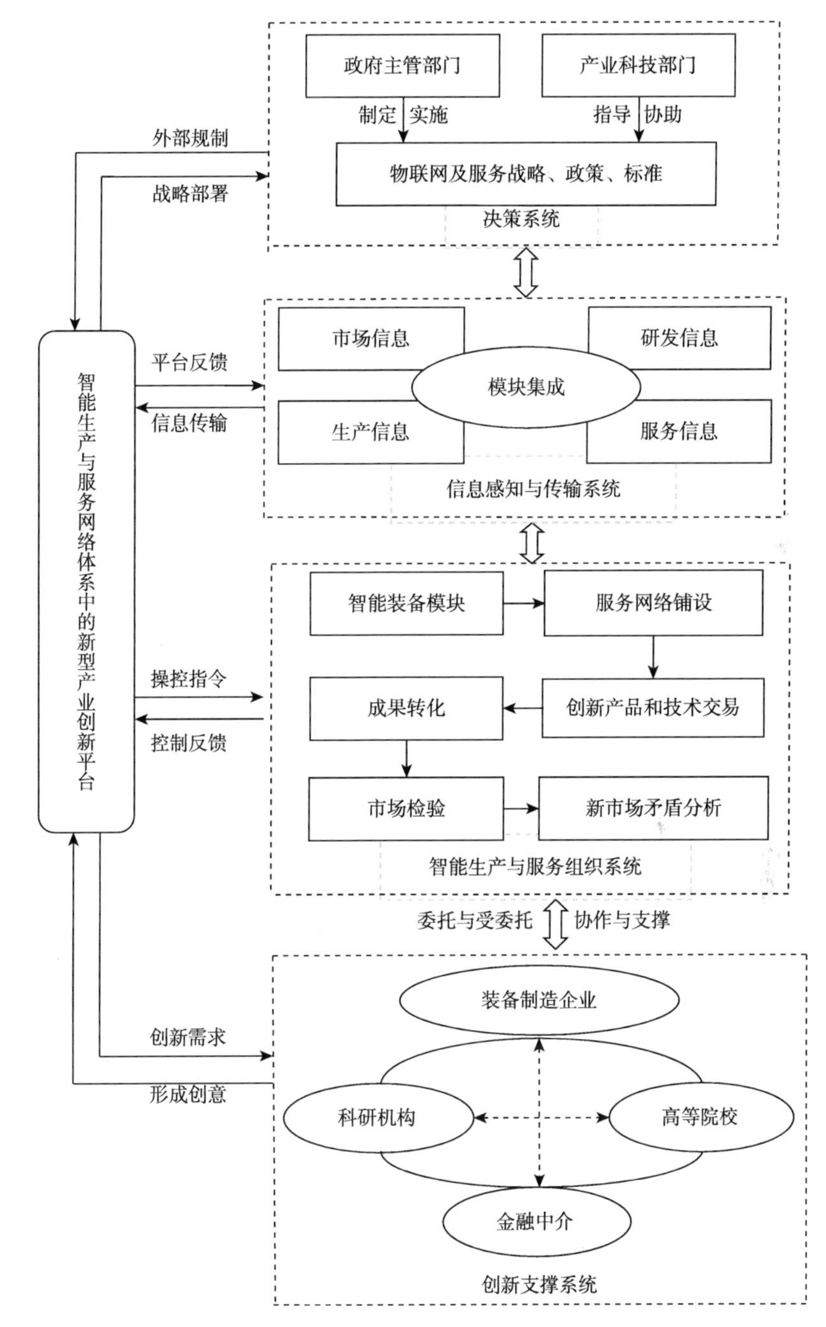

图 8-4　智能生产与服务网络体系中的新型产业创新平台基本结构

智能生产与服务组织系统建设包括智能装备模块建立及与之相匹配的服务网络铺设、创新产品和技术交易与成果转化等。智能装备模块建立形式可分为三类：标准型模块创建、适应型模块创建和应变型模块创建。标准型模块创建依据产品设计流程，按照功能需求设计模块结构；适应型模块创建在标准型模块已创建的基础上，进行相似设计和小规模变异设计，功能趋向完善；应变型模块创建也称个性化模块创建，对现有模块进行再配置，即按照用户需求选择相应机制，利用现有模块配置出具有特定功能的模块。与模块化组织价值创新路径[19]不同，智能装备模块的一系列工序递推表现如下：技术试验→产品组装→中试与量产→市场推广→反馈与改进。图 8-5 为智能装备模块基本构成与功能。

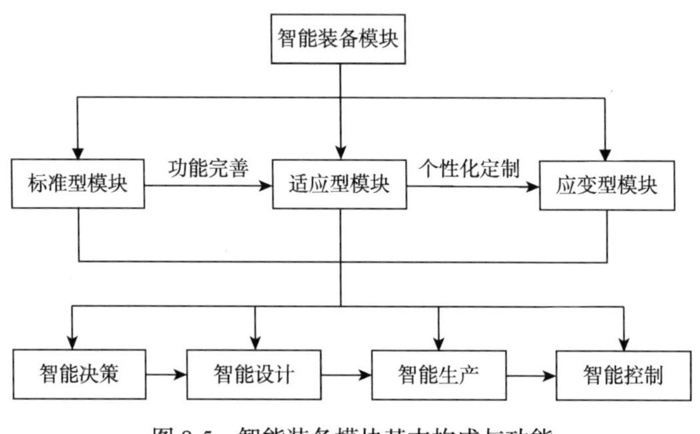

图 8-5 智能装备模块基本构成与功能

创新支撑系统为平台核心组件，主要由“产学研金”构成，是平台创意输出的关键部门。平台内创新主体以智能生产与服务网络条件下的产业共性技术和核心技术为着力点，深化协同创新。随着数字技术的广泛应用，装备制造企业的边界变得模糊化，企业与科研院所或高等院校等组织之间的关联，逐渐形成迥异于传统商业模式的新范式，即平台生态圈[20]。在此背景下，企业不仅是某一产业中的一员，而且是平台生态圈的一员。与线性价值链关系不同，这种跨行业构成的网络状平台生态圈彼此间合作、竞争、协同演化，在相应的约束条件下实现资源共享和利益分摊。

第四节 智能生产与服务网络体系中产业创新平台保障机制

如第一章所述，新型产业创新平台具有“半公共性”。这种“半公共性”不仅体现为新型产业创新平台是可供共享的，更体现为新型产业创新平台建设和发展过程中政府部门发挥职能和保障作用。本章认为智能生产与服务网络体系中，新型产业创新平台建设和发展过程的保障机制包含：政策与市场导向机制、风险与利益对等机制、模块化耦合网络机制和创新生态进化机制。这些机制都在一定程度上体现着政府职能和政策的保障作用。

一、政策与市场导向机制

如图 8-6 所示，政府推动和市场驱动是新型产业创新平台运行的两种基本动力；在平台成长的不同阶段，它们的作用机制有所差异。政府推动下，平台成长的内部动力包括竞争、协同与博弈等；外部动力包括政策激励、产业需求及为保障平台有序运行的管理制度。市场驱动下，资源共享和技术扩散是驱动平台成长成熟的内部核心动力，资源共享是平台内部演化的关键要素。随着平台运行过程中的创意激增，平台成果转化功能将由此发挥作用。

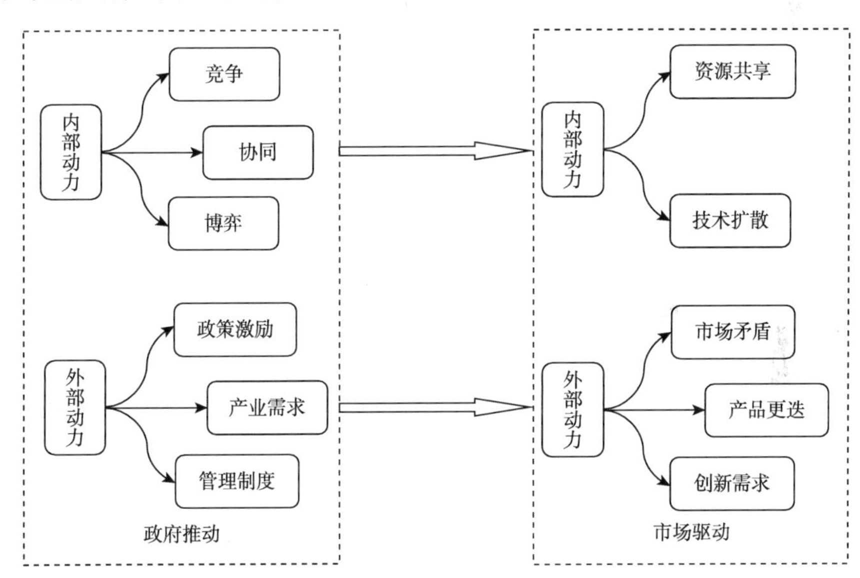

图 8-6　智能生产与服务网络体系中新型产业创新平台导向机制

二、风险与利益对等机制

平台风险主要包括平台外部环境风险和平台内部环境风险。其中，平台外部环境风险来源包括经济社会发展环境、政策条例、市场风险等；平台内部环境风险来源包括战略决策、组织领导和计划控制等。针对内部风险而言，在平台生态圈形成过程中，如何处理平台领导权、利益分配、风险共担系统是平台面对的迫切问题。核心企业赢得平台领导权需要采取的核心战略是提出系统性价值主张，利用“去物质化”重要手段，不断地进行扩网和聚核，对系统价值主张做出动态反应。行为主体开展创新活动，获取收益是重要目的。创新过程始终伴随着风险；风险与利益对等，是保证行为主体间协同创新活动持续性的内在机制。因此，建立平台内创新风险与利益对等的创新收益分配制度，无疑是让创新化为生产力的根本保障。

三、模块化耦合网络机制

智能化生产和服务网络条件下，新型产业创新平台以知识模块为载体，将具有自律性和相对独立的模块通过一定规则构成高效率的耦合网络集群。模块化耦合网络集群有以下特性：①联结性。在全程价值链系统中，各模块高效耦合，形成以个性化订制、柔性化设计和模块化集成为主要特征的新型产业链。②协同性。各模块按照一定规则自我发展和自我演化，形成网络协作系统，实现网络协同创新。③生态性。当现有的模块不再适应产业创新平台发展需求时，旧的模块将被淘汰，新的模块将替代旧的模块进入平台，形成新一轮模块创新，实现优胜劣汰。

四、创新生态进化机制

新兴产业创新平台的建设和发展是一个循环升级过程。每一个循环需经历建立或发展初期、成长发展期、成熟发展期和革新升级期四个阶段。在建立或发展初期，需要政府通过提供资金扶持和税收优惠等政策，吸引创新主体加入平台，进而促进产业创新发展。对于制造业，就是促进技术和工艺创新和升级，建设和升级创新链和产业链。在成长发展期，按照风险与利益对等机制和模块化耦合网络机制要求，提出系统性价值主张的行为主体，主导产业协同创新活动，实现创新价值。对于制造业，就是升级产品和开拓市场，拓展创新链、产业链和价值链。在这个阶段，政府的职能是提供合适的政策环境和政策导向。在成熟发展期，市场需求主导产业创新平台发展与模块集成，主要通过市场资源配置、平台主体进入和退出等机制，促进产业持续发展。对于制造业，须在稳增长、促发展的同时，积极准备技术创新和产品功能升级。在革新升级期，政府再次发挥主导职能，通过政策支持，主导产业创新平台升级换代，促进建立产业突破性创新体系和机制，推动创新链和产业链升级换代。

第五节　本章小结

新型产业创新平台是产业创新体系的重要组成部分，也是促进装备制造产业高端化的重要手段。从本章研究看，政府主导型、市场驱动型及混合导向型产业创新平台各有利弊，不同动力下的平台管理模式、运行机制同样各有优势。为高效地促进传统产业高端化发展，有必要根据产业特点和产业需求选择创新平台的构建模式，赋予平台应具备的创新职能。从产业演进过程看，产业集群与创新平台治理存在共演关系，当产业集群特点发生改变时，创新平台的治理模式则需要进行一定调整。鉴于此，在确立创新平台战略定位时，需保持一定的政策柔性，可从以下几个方面考虑。

（1）在科技政策层面，应分类引导资本流和技术流，整合科研资源，促进科研资源合理分布，抑制资源过分集中。以装备制造业为例，现有创新平台多属于契约型模式，任务完成后即解散，科研资源呈现“一窝蜂”“鸟散状”态势。这种模式下，产业创新合作目标往往具有短期化特征，集成创新合作少，难以满足高端装备制造业技术创新的需要。

（2）在产业发展方面，应结合国内外经济社会发展环境，瞄准产业中高端领域，坚持政策引导产业方向，高端产业集群带动传统产业优化提档，同时推进以企业为核心、市场为导向的多元创新体系建设，提高产业自主创新能力。从现阶段发展来看，我国装备制造业面临两大转型：一是规模扩张型向质量收益提高型转变；二是内需投资型向国际竞争型转变。智能生产与服务网络条件下，产业创新平台政策设计应以此为抓手，在创新国际化、专业市场化方面深耕细作。

（3）在平台主体约束方面，政府主导下的产业创新平台在搭建创新载体时，须制定平台参与主体间责权利契约等约束文件，平衡主体间权益，防止恶性竞争。由于合同法对民事契约无强制规定，故平台参与主体有可能出现违约行为。因此，在制定此类约束文件时，首先要细化协议内容，针对风险承担、利益分配、知识产权归属等重点内容逐条细化。其次要强化协议法律效力，可借鉴工商管理部门审批或备案等手段。最后要设立平台准入机制，弱化股权变动。

（4）在法律层面，应对产业创新平台自主研发的专利成果立法保护，通过法律解释，归纳和演绎法律适用的可能，分析已有知识产权制度不适用之处，增补有助于保障产业创新平台高效运行的意见、条例、管理办法，建立以科技政策、地方性科技法规和政府规章为主要内容的法律体系。完善科技服务中介法律制度，健全科技服务中介法律体系，构建平台风险投资法律保障框架，弥补平台风险投资法律漏洞。

参考文献

[1] 李晨光，张永安. 区域创新政策对企业创新效率影响的实证研究[J]. 科研管理，2014，35（9）：25-35.

[2] 林桂军，何武. 中国装备制造业在全球价值链的地位及升级趋势[J]. 国际贸易问题，2015，（4）：3-15.

[3] 陈超凡，王赟. 垂直专业化与中国装备制造业产业升级困境[J]. 科学学研究，2015，33（8）：1183-1192.

[4] 许正中，高常水. 产业创新平台与先导产业集群：一种区域协调发展模式[J]. 经济体制改革，2010，（4）：136-140.

[5] Communication Promoters Group of the Industry-Science Research Alliance. Securing the future of German manufacturing industry-recommendations for implementing the strategic initiative INDUSTRIE 4.0 [R]. Final Report of the Industrie 4.0 Working Group，2013.

[6] Wahlster W. Industry 4.0：from the internet of things to smart factories [R]. 3rd European Summit on Future Internet，2012.

[7] 路甬祥. 走向绿色和智能制造——中国制造发展之路[J]. 中国机械工程，2010，21（4）：379-386.

[8] 李艾丹，朱东华，薛中玉. 制造产业集群协同创新平台服务模式研究[C]. 第十届中国科技政策与管理学术年会论文集——分 4：创新与创业（Ⅰ），2014：2-10.

[9] 姚飞，王大海. 科研人员向创业者转型路径的双案例研究[J]. 科研管理，2011，32（12）：53-60.

[10] 王姝，陈劲，梁靓. 网络众包模式的协同自组织创新效应分析[J]. 科研管理，2014，35（4）：26-33.

[11] 赵卓，王敏. 产业演化动力机制研究新进展[J]. 理论探讨，2012，（4）：103-106.

[12] 谢雄标，严良. 产业演化研究述评[J]. 中国地质大学学报（社会科学版），2009，9（6）：97-103.

[13] 巫强，刘志彪. 本土装备制造业市场空间障碍分析——基于下游行业全球价值链的视角[J]. 中国工业经济，2012，（3）：43-55.

[14] Langlois R N. Modularity in technology and organization[J]. General Information，2002，49（1）：19-37.

[15] Ben S，Zhao J，Zhang Y，et al. The interface strength and deboning for composite structures：review and recent developments[J]. Composite Structures，2015，129：8-26.

[16] 芮明杰，张琰. 产业创新战略：基于网络状产业链内知识创新平台的研究[M]. 上海：上海财经大学出版社，2009.

[17] 乔东平，李浩，肖艳秋. 面向 Agent 的分布式生产管理系统建模[J]. 制造业自动化，2013，（15）：77-81.

[18] 刘林青，雷昊，谭畅. 平台领导权争夺：扩网、聚核与协同[J]. 清华管理评论，2015，（3）：22-30.

[19] 王瑜，任浩. 模块化组织价值创新：路径及其演化[J]. 科研管理，2014，35（1）：150-156.

[20] 刘林青，谭畅，江诗松，等. 平台领导权获取的方向盘模型——基于利丰公司的案例研究[J]. 中国工业经济，2015，（1）：134-146.

第九章　智能产业元驱动产业高端化机制

改革开放之初，国土相对辽阔、人口众多、生产力落后的背景决定了我国须从发展劳动密集型的传统产业做起。如今我国人口老龄化日趋严重，人口红利逐渐消失，劳动密集型产业技术及工艺已经不能适应现代化产业发展与经济、社会和环境要求。因此，我国传统产业亟待转型升级、高端化发展。智能产业元是驱动传统产业高端化升级的重要工具及推手。

第一节　智能产业元驱动产业创新发展原理和过程

产业关键技术是某一产业赖以存在的核心技术（如果没有这一技术，就不存在这一产业）[①]。产业关键技术对产业科技进步有决定性影响，决定着产业竞争力和产业发展的可持续性。实现产业关键技术跨越是掌握产业技术制高点、提升产业竞争力的根本。智能生产与服务网络体系中，大数据成为新的生产要素。大数据的应用为智能生产与服务网络体系中的智能产业元推动产业关键技术创新提供了依据和动力。智能生产与服务网络体系中的智能产业元作为基本的产业创新组织单元，将大力推动产业关键技术创新，为实现产业转型升级开辟新的道路。

一、智能产业元如何实现产业创新？

智能生产与服务网络体系驱动的网络基础设施建设为创新构思快速转化为创

① 谭清美《产业创新系统》讲座，2008 年。

新行为提供了厚实基础。创新构思快速转化为创新行为有赖于大数据、智能化、物联网、移动互联网、云计算结合构成的“大智移云”体系。“大智移云”体系掀起新一轮信息化浪潮，已显现其重塑产业生态链的影响力。大数据推进信息技术与材料技术、生物技术、能源技术及先进制造技术的结合，开启了产业互联网时代。产业互联网对网络的宽带化、移动性、泛在化、可扩展性和安全性都提出了更高的要求，这对于正处在企业转型和发展方式转变的我国来说是难得的跨越发展机会。但是，如果抓不住这一机会，我们与发达国家的差距将进一步拉大。

智能产业元是智能生产与服务网络体系基本组成单位，与传统产业创新平台相比，智能产业元将不再局限于信息平台、服务平台等微型平台，而是将整个产业视为一个包含功能网络集成、价值网络集成及全程价值链供给的产业体系。在此情景下，借助“互联网+”的推动作用，当产业链条中出现新构思时，产业的整条产业链和价值链将能够迅速做出反应，实现对研发流程系统不同时不同地的沟通与改进，确保整个产业在面对市场、需求出现突变时能够及时应对。与此同时，随着“互联网+”逐步深化，智能机器网络的激增，数据创建过程将会加快速度，智能机器开始相互对话，传统的数据存储、技能改进和管理方法将会面临巨大的挑战。这就需要智能产业元进行资源的整合、运筹，形成一个产业生态圈，进行全球资源运筹与人才的整合。智能产业元成员作为自主经营体，运用智能化会计核算体系核算每个成员创造的价值，依据所创造的价值来进行价值分享（成员自我经营、自我驱动）。通过消费价值链出现的新需求，快速迭代技术运行过程中出现的问题，借此提升成员素质、开发新技术，延伸业务层面的生态链，从而催生新技术形成。

二、智能产业元驱动产业关键技术创新

2019年，工业增加值317 109亿元，比2018年增长5.7%。其中，制造业增加值有望连续10年位居世界第一。2019年，集成电路产量2 018亿块，增长8.9%。2019年末，全国发电装机容量201 066万千瓦，比2018年末增长5.8%。2019年，信息传输、软件和信息技术服务业增长18.7%[①]。然而，我国自主创新能力却不够强大，薄弱环节主要体现在以下方面：①关键的基础材料和基础零部件依赖进口，特别是芯片和集成电路等关键部件受制于人。②技术对外依存度高。当前，尽管我国整体技术的对外依存度日益趋近 30%，但是关键技术、核心技术的对外依存度仍然高达 50%，高端产品开发 70%依靠外来技术，重要零部件

① 国家统计局官网：http://www.stats.gov.cn/tjsj/sjjd/202002/t20200228_1728918.html。

80%依靠进口[1]。结合我国实际，未来借机智能生产与服务网络体系建设占领全球技术制高点的领域集中在制造业中的先进传感、先进控制和平台系统，虚拟化、信息化和数字制造，先进材料制造等①，如图 9-1 所示。

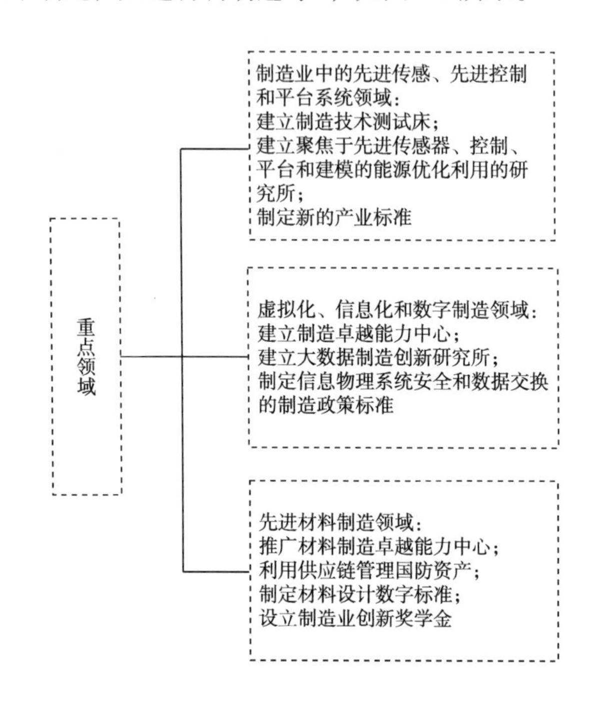

图 9-1 智能产业元驱动产业关键技术跨越的重点领域

在智能生产与服务网络背景下，产业全球一张网，大数据、智能化是实现产业关键技术跨越的主要手段。互联网能够承载海量非结构化数据的收集、传输、存储和处理。如今，数据的多样性与体量是前所未有的；随着物联网、可穿戴计算及社交网络的发展，人、机器产生的大量数据都需要并可以被记录下来。未来，智能生产与服务网络体系的形成和发展，将带来比消费互联网时代更大量、更多样的数据源和数据量。总体来说，包括以下几个类型的数据[2]：①数字化制造产生的物理实体数据等；②传统信息化系统产生的过程数据；③物联网、传感器产生的环境数据；④社交网络中人的社会行为数据。因此，智能生产与服务网络体系未来发展过程中需要关注由大数据支撑演化而来的几项新技术，如图 9-2 所示。从云件（Cloud-ware）→数件（Data-ware）→信件（Info-ware）→人件（People-ware）的流程，需要新技术的支撑。其中，数件

① 资料来源：http://intl.ce.cn/specials/zxgjzh/201411/24/t20141124_3972087.shtml。

需要实现海量数据的收集、存储和处理，信件则需要提供高可靠、等级服务与服务保证。当前产业通过软件和硬件组成系统把产业内部的资源整合起来，未来在智能生产与服务网络体系上的智能产业元将更多依靠云件、数件、信件、人件组成的企业业务和服务支撑系统来进行社会资源的整合，使企业能够提供有信誉保证的关键服务，通过数据驱动经济和产业活动，促成产业在智能生产与服务网络体系中升级转型[3]。

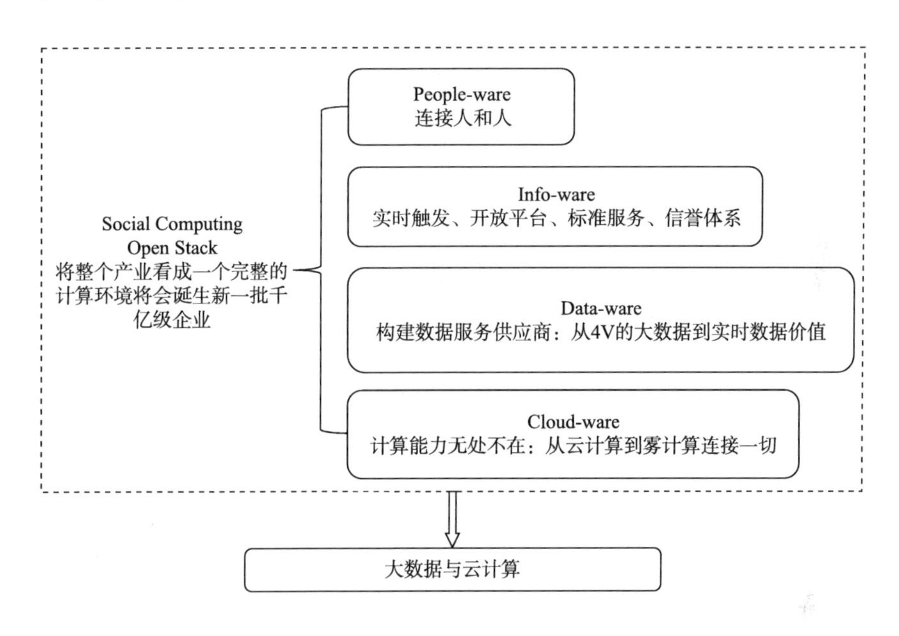

图 9-2　大数据与云计算应用[2]

图中 4V 指大数据的规模性（volume）、高速性（velocity）、多样性（variety）和价值性（value）

三、智能产业元驱动产业价值创新

将新技术推向市场并创造价值是智能生产与服务网络体系中智能产业元的重要职能。依托智能生产与服务网络体系创造市场价值的过程就是实现创新成果转化的过程。随着技术市场竞争日益激烈，传统产业不能仅靠模仿他人技术，采取跟随性战略，必须把自主创新置于首要位置才能赢得长久的核心竞争优势。

如前所述，智能生产与服务网络体系中，智能产业元的关键职能是功能集成、价值集成和全价值链供给。智能产业元将与之关联的创新网络、供应网络、生产网络、销售网络、物流网络和消费者网络的载体功能，以及生产功能、服务功能、产品功能、模块功能等，集成于智能产业元系统，形成功能系统，承载需求者（客户）的效用或使用价值。智能产业元将其系统内创新价值、资源价值、生产价值、商业价值、空间价值和服务价值等有效集成为价值系统，并通过价值核聚效应产生倍增价值效应。智能产业元沿着创新链、产业链和价值链，将研发、生产和服务等行为主体创造的价值“传递”给研发、生产、销售和服务等各环节的需求者直至最终消费者。全程价值链供给实质上是包含智能产业元系统全价值链各环节的价值实现过程。价值集成过程和全程价值链供给过程，更重要的是价值增值过程；在价值集成过程和全程价值链供给过程中，由于存在关联效应、乘数效应和网络效应，智能产业元创造和实现的价值远高于产业链各环节原始价值之和。传统产业加入智能生产与服务网络体系，建立智能产业元，由“单兵独舞”，变为“联合作战”，具备了价值网络集成职能和全程价值链供给职能，价值创造能力倍增。

四、智能产业元驱动产业战略创新

创新机制是支撑产业关键技术跨越的根本保障。从国家实施创新驱动发展战略到“一带一路”倡议，创新机制改革始终都处于重要地位。构建智能生产与服务网络体系，并建立高效协同的产业创新平台和智能产业元，驱动传统产业战略创新，是促进传统产业转型升级的根本途径。在此背景下，本章认为，智能生产与服务网络体系驱动传统产业战略创新的重点内容有以下三点。

第一，在智能生产与服务网络体系中，培育新型产业创新主体单元，即智能产业元，进一步明确各类创新主体的功能定位，突出创新人才的核心驱动作用，增强传统产业的创新主体地位和主导作用。

第二，在智能生产与服务网络体系建设中，布局高水平创新基地，瞄准世界科技前沿和产业变革趋势，聚焦国家战略需求，整合资源、优化布局，重点打造智能产业元，重点打造产业创新链、产业链和价值链。

第三，利用智能生产与服务网络体系驱动供给侧结构性改革，营造激励创新的市场环境，构建开放协同的创新网络和创新生态。以技术市场、资本市场、人才市场为纽带，以资源共享为手段，围绕产业链部署创新链，围绕创新链完善价值链。

第二节　智能产业元组织结构及内部联系机制

如第一章阐明，建立智能生产与服务网络体系的基础条件包括信息物理系统和物联网及服务系统等。智能生产与服务网络体系由智能生产与服务组织体系、科技支撑体系、信息感知与传输体系、技术标准与规范体系、契约与行为规则体系、基础设施支撑体系构成[4]。相应地，智能产业元由智能生产与服务组织系统、科学技术支撑系统、信息感知与传输系统、技术标准与规范系统、契约与行为规则系统、基础设施支撑系统构成。基础设施支撑系统的主体是信息物理系统和物联网及服务系统。前五个系统如何与信息物理系统和物联网及服务系统发生联系？需要详细阐述。

一、智能产业元内部结构关系

“信息物理系统”的功能是统一系统中计算进程和物理进程，可以集成计算（computing）、通信（communication）、控制（control）于一体，如图 9-3 所示。“信息物理系统”运用系统工程技术，通过“人机交互接口”实现系统操作者与系统中物理进程之间的信息交互，在网络化空间中，对系统中某些物理实体（如智能流水线、智能物流线等）进行实时远程操控。在工程运用中可以实现对大型工程系统的实时、动态的控制和及时的信息服务。

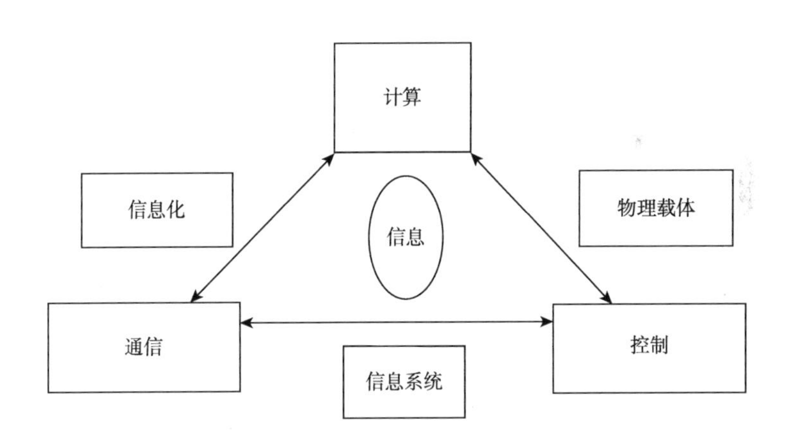

图 9-3　信息物理系统

物联网及服务系统是互联网服务业务的升级，旨在使互联网上所有资源都可以进行信息交换，服务终端用户。其利用互联网技术把传感器、控制器等电子器件与其他实物（包括人在内的生物），通过通信感知技术、智能识别技术、普适计算技术等系统工程技术连在一起，远程实施智能化服务和信息化管控。此外，物联网及服务系统需要融合一系列系统工程中的共性技术，对事务进行感知，对信息进行处理，通过网络通信手段服务端口用户，如图 9-4 所示。

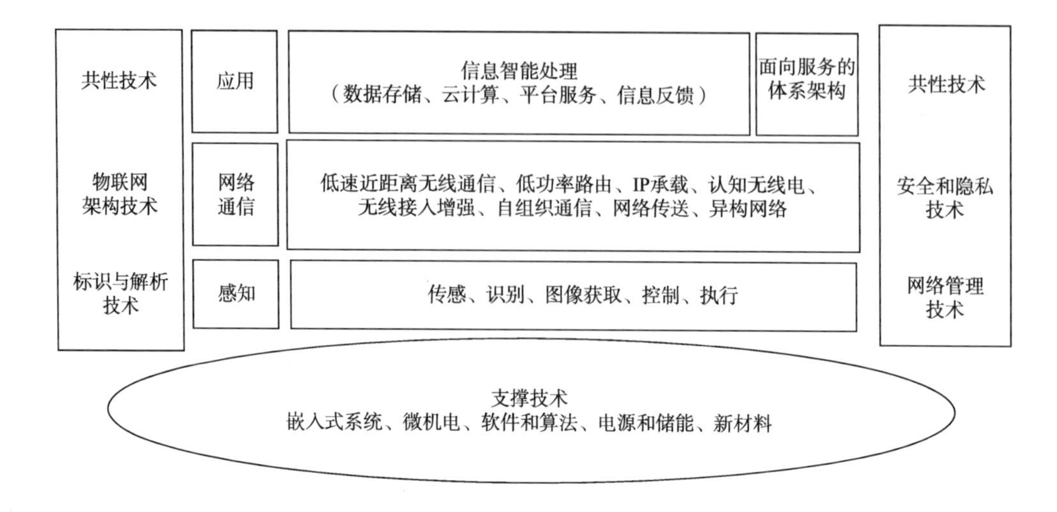

图 9-4 物联网及服务系统

IP：internet protocol，网络之间互连的协议

二、智能产业元内部联系机制

信息物理系统和物联网及服务系统是智能产业元内前五个子系统互联互通的技术支撑，在智能产业元内（当然也是在智能生产与服务网络体系内）实现命令传输、信息反馈、人机互联、远程管控、实时规制等功能的运行机制如图 9-5 所示[5]。在图 9-5 中，圆圈表示对信息、元素交互的规制；单向细箭头表示智能产业元中信息、元素的供给；单向粗箭头表示命令的传输；双向粗箭头表示智能产业元中信息、元素的交互。

与松散的产学研合作平台不同，智能产业元内置的契约与规制系统通过信息感知与传输系统对其内各单位进行有效规制，保障其按既定规则有序运行。信息感知与传输系统则是以信息物理系统为技术支撑，与其他子系统进行信息、元素交互，特别是与科学技术支撑系统的互动，这是创新的“灵魂”。传统产业通过有效规制，利用信息感知与传输系统与物联网及服务系统进行信息、元素的交互，实现智能生产、智能物流、智能服务；最终实现智能产业元内传统产业与市场的信息反馈、产品升级、服务完善，以达到传统产业高端化的目的。需要特别指出的是，智能产业元虽然存在政府规制，但它仍然是一个开放的系统，特别是传统产业制造商、外部资源、市场需求等元素、信息都不会仅局限于某一区域、某种产权及产业规模等。

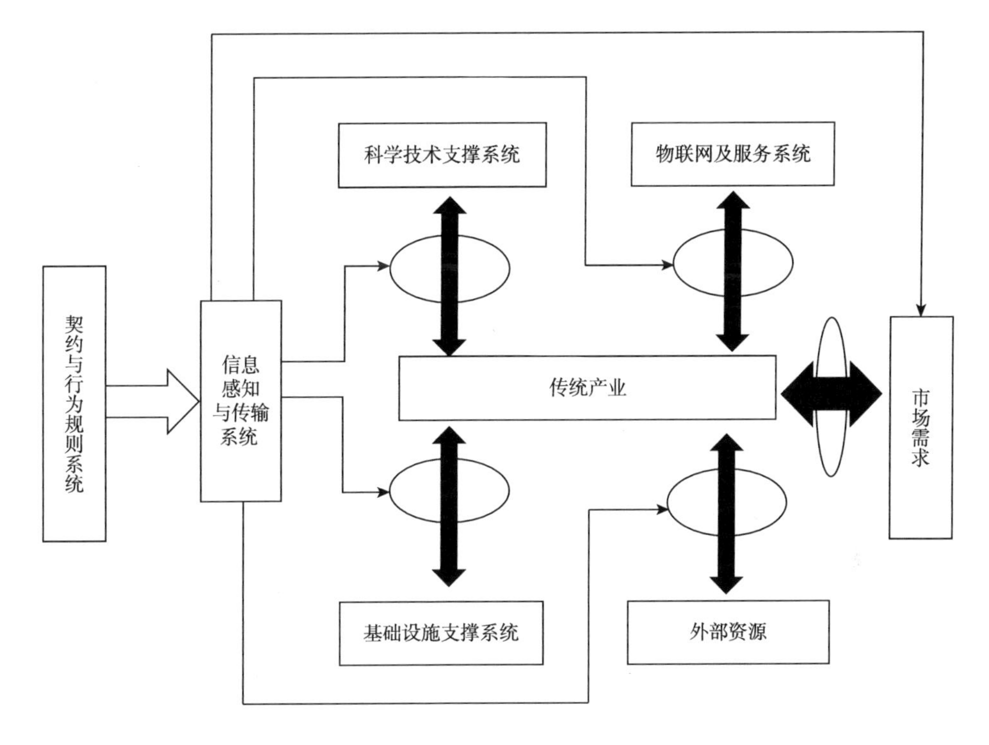

图 9-5　智能产业元结构关系及运行机制

第三节　智能产业元驱动产业高端化途径

根据上述对智能生产与服务网络体系和智能产业元的结构形式和运行模式的研究，本章认为，智能产业元可以从升级产业发展模式、有效配置创新资源和生产要素、提升规制效率和实行网路化创新模式四条途径促进产业高端化转型升级。具体内容如下。

一、智能产业元升级产业发展模式

与传统产业体系不同，智能生产与服务网络体系以创新驱动增长，利用创新要素促进传统制造业高端化。智能生产与服务网络体系中智能产业元的科学技术支撑系统，一方面，依托信息物理系统获取市场需求信息，根据自身研发实力，对传统制造业领域的某些核心技术创新研发，提高产品科技含量、工艺水平，实现智能生产，建设智能工厂；另一方面，依托物联网及服务系统实现远程管控、智能物流。因此，智能生产与服务网络体系中智能产业元为其内部企业提供产业创新技术支撑，摆脱依赖低附加值的来料加工等劳动密集型产业发展模式，促进传统制造业向技术密集型升级。智能产业元升级产业发展模式如图 9-6 所示。

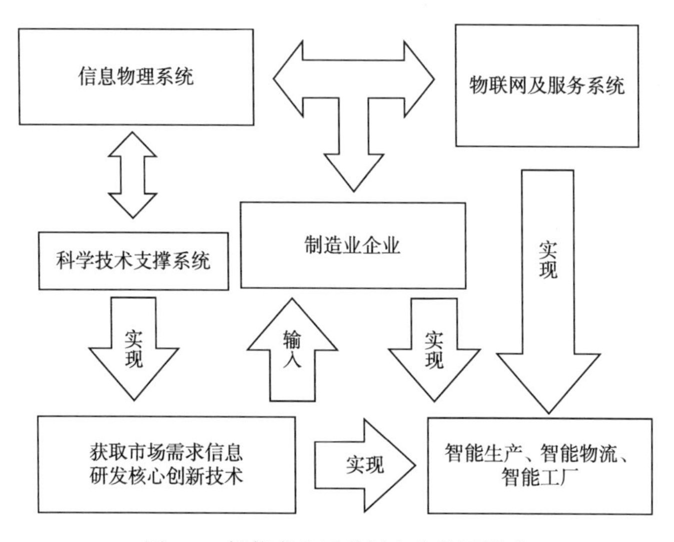

图 9-6　智能产业元升级产业发展模式

二、智能产业元有效配置创新资源和生产要素

智能产业元是一个动态的、开放的、网络化、模块化竞争性系统；企业、研发机构等行为主体要成为智能产业元的组成部分，须按照智能产业元的技术规则和行为规则参与有序竞争。这个竞争过程是以智能生产与服务网络体系为支撑的。因此，智能生产与服务网络体系中的智能产业元，按照智能生产与服务网络体系的技术和行为规则及智能产业元自身的技术和行为规则，实现创新资源和生产要素的有效配置。从技术层面看，智能产业元按照技术标准与规范系统要求，设计产品和服务功能总体系统及产品和服务的构成模块，从而在技术上实现创新资源和生产要素的有效配置。从行为层面看，智能产业元按照契约与行为规则系统要求，按照产品和服务功能模块标准，通过竞争机制和契约机制吸纳模块供给者，以最优价位实现既定产品和服务的既定功能，从而在经济上实现创新资源和生产要素的有效配置。按照淘汰机制要求，一旦模块供给商不能按照技术规范和行为规则要求提供相应模块，即将被新的供给商所取代。

三、智能产业元提升规制效率

首先，在智能生产与服务网络体系中，智能产业元作为由企业和研发机构等行为主体按照创新链、产业链、功能链和价值链逻辑有机结合成的整体，在执行政府创新政策和产业政策方面，比个中独立行为主体更有效率；在执行国际产业规则和技术标准等方面，亦比个中独立行为主体更有效率。其次，智能产业元是信息化、敏捷性的动态系统，在其信息感知与传输系统的支持下，个中各行为主体之行为在系统中的反映具有即时性和精准性，一旦有违规或违约行为发生，智能产业元主导者将通过信息感知与传输系统，在第一时间精准感知，并通过智能产业元中的契约与行为规制系统在第一时间采取约束行动。最后，智能产业元是动态的开放的系统。个中行为主体一旦有违规或违约的行为，即有可能按照契约与行为规则系统要求，在竞争机制和淘汰机制的作用下，被驱逐出智能产业元，或者被新的行为主体所取代。总之，智能产业元的信息化和敏捷性、其契约与行为规则系统职能及竞争机制和淘汰机制，决定着智能产业元行为规制的高度有效性。

四、智能产业元实行网络化创新模式

智能生产与服务网络体系中的智能产业元颠覆了传统产业线性创新模式，实行全新的网络化创新模式。首先，智能产业元的每一个网络化创新过程起源于智能产业元主导者的创新性价值主张。智能产业元主导者的创新性价值主张确定了智能产业元创新的总方向。智能产业元主导者根据创新性价值主张，创新设计产品和服务的功能模块系统和界面标准系统。其次，智能产业元潜在的个中行为主体按功能模块和界面标准要求，通过激烈竞争取得为智能产业元提供产品和服务模块的机会，成为智能产业元中的行为主体。行为主体为了在满足功能模块和界面标准要求的同时实现个体效益最大化，必须充分发挥自身的创新力。智能产业元中每一行为主体都是创新者。若个中行为主体不能持续满足功能模块和界面标准对创新的要求，跟不上智能产业元创新步伐，即将被淘汰。最后，智能产业元的一个创新性价值主张得以实现，意味着为消费者创造了价值，为智能产业元创造了价值，为智能产业元个中行为主体创造了价值。如此便完成了一个价值创造循环。

一个循环完成了，新的价值主张再次创现，新的智能产业元形成。如此，循环往复，不断创新，阶梯式上升。智能产业元在连续不断的螺旋上升的创新循环中，持续创造消费者价值，持续创造智能产业元价值，持续创造智能产业元个中行为主体的价值，从而推动产业转型和升级换代。

需要说明，智能产业元创新的信息化、即时性，提高了创新的时间效率；智能产业元创新的网络化、智能化，消除了创新的空间成本，提高了创新的空间效率。

第四节 本章小结

本章详细地研究了智能生产与服务网络体系中智能产业元驱动产业创新发展的原理和过程、智能产业元组织结构及内部联系机制和智能产业元驱动产业高端化机制，详细诠释了智能产业元是如何实现产业创新发展的。研究认为，智能产业元通过规范产业发展模式，有效配置创新资源和生产要素，颠覆传统产业创新模式，驱动产业高端化发展。加强智能生产与服务网络体系建设，支持智能产业元创建和发展，是推动我国产业高端化的全新发展战略和路径。

参考文献

[1] 汪贵顺. 以知识产权战略助推企业竞争力[J]. 现代商贸工业，2021，（10）：105-107.
[2] 田溯宁，丁健，金亚东. 产业互联网的技术和业务模式[EB/OL]. https://articles.e-works.net.cn/security/article120542.htm，2015-01-09.
[3] 杨钊. 产业互联网的现实应用及其模式创新[J]. 重庆社会科学，2016，（2）：17-22.
[4] 谭清美，房银海，王斌. 智能生产与服务网络条件下产业创新平台存在形式研究[J]. 科技进步与对策，2015，（23）：62-66.
[5] 谭清美，王斌，王子龙，等. 军民融合产业创新平台及其运行机制研究[J]. 现代经济探讨，2014，（10）：62-64.

第十章　无人机产业创新平台及运行机制

第一节　引　　言

无人机即无人驾驶飞行器，能替代人类完成空中作业，并与各种部件结合扩展应用场景。近年来，我国无人机产业发展迅速，在诸多行业领域已逐渐替代人类完成空中作业。在军用方面，如侦查式无人机、攻击式无人机、靶机等；在民用方面，如警用安防、农林植保、电力巡线等。目前，我国在民用无人机领域世界排名前 20 位的企业中占了 10 位，已成为国际无人机行业领军者[1]。2012 年起，我国无人机产业呈井喷式发展，但飞行控制系统、传感器等核心技术发展缓慢，导致技术发展远落后于应用领域扩展速度[2]。通过专利分析法对我国无人机产业的发展阶段进行划分和分析，发现我国无人机产业正处于快速发展时期，但存在相关高质量发明专利少、专利技术含量低等问题[3]。在应用方面，无人机“黑飞”现象频发，严重影响了空防和空管秩序[4]。在管理方面，尚未形成完善的法律法规和政策管理体系[5]。虽然目前我国民用无人机企业规模已占据国际主导地位[6]，但仍存在产品同质性强、安全性低、技术成果转化率低等问题[7]。在供给侧方面，无人机核心技术门槛不高，易被模仿，从而导致无人机市场秩序混乱，同质化现象严重，无人机作业能力也未能达到市场预期。在需求侧方面，由于缺乏完整的民用无人机法规管理体系，存在着用户用不起、用不了、用不好无人机的问题。可以认为，目前国内无人机产业在供给侧发展紊乱、在需求侧效用低下，整个产业已渐呈僵化趋势。

“创新平台”（platform for innovation）一词最早由美国竞争力委员会在 1999 年提出，其认为创新平台是创新资源、人才和前沿创新成果等集聚的空间，在一定的规则约束下，空间内的资源可以得到维护和共享。产业平台是一个能为产业发展提供一定功能服务的开放型、通用型平台[8]。将特定的产业平台与创新平台有机结合起来，便形成特定产业的创新平台。许正中和高常水认为产业创新平台是区域创新要素集成、“管产学研金创”链接和资源网络化的概念[9]。随着“工业4.0”和“互联网＋”的深化，谭清美提出智能产业元的概念，认为它是产业创新平台的基本单元，并阐述其构成、特点、性质、功能和形成过程[10]。基于此，房银海和谭清美运用演化博弈模型研究了产业创新平台领导策略[11]；尹君和谭清美对新型产业创新平台运行模式进行了研究[12]。

第二节　无人机产业创新平台构成

一、平台系统结构

最初，民用无人机企业通过军民融合的方式获得了部分军用无人机技术资源，并通过自主创新、协同创新，研发出民用无人机，最终商业化。无人机高空作业优势使其产业化发展迅猛，但政策不足，并缺乏对用户的引导，导致无人机供给、需求都出现不同程度的紊乱。因此，政府规制是无人机健康发展的必要保障；金融机构、监督机构等也是无人机产业发展的必要支撑。综上，无人机产业创新平台系统结构可分为四大模块：核心创新模块、智力支撑模块、市场导向模块、服务监管模块。无人机产业创新平台系统结构如图 10-1 所示。

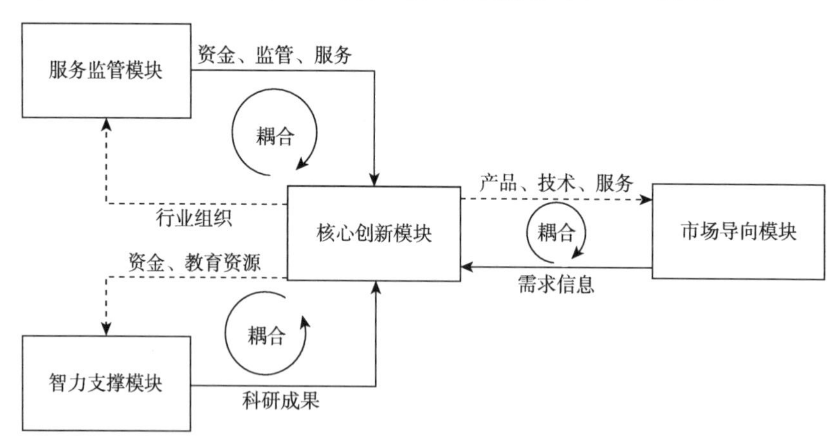

图 10-1　无人机产业创新平台系统结构

核心创新模块由无人机企业及其供应链上下游企业等组成。其在产业创新平台上的主要职能如下：从外界环境获取创新资源，在管理创新和市场创新的协同作用下形成创新无人机成果。通过市场行为，创新成果得以在企业间传播和扩散，为进一步的创新奠定基础。更重要的是，在产业创新平台中，企业间的信息流通渠道更加多样，除正式的信息渠道外，还有大量非正式渠道，这使得信息流通速度加快并使隐性知识的传播成为可能，企业的创新效率更高，大量互补性知识的交换也将产生更大的创新收益。智力支撑模块包括军工科研部门、高校、研究机构、产业联盟等。无人机创新技术的一个重要来源是军工科研部门。部分军用无人机技术以军民融合的方式转移至民用层，军方技术的可靠性和稳定性大幅提升了民用无人机的性能。另外，高校与研究机构的作用在无人机产业创新平台中不应只是单纯的研究、传播专业知识和技术，还应向技术成果转让、中试、创业、产业化发展。如此，无人机创新技术可以最大限度地扩散，实现创新成果外溢。同时，无人机企业也可为高校和研究机构提供一定的资金支持和教育资源，如校企俱乐部等。市场导向模块是指无人机的需求侧，主要分为消费级市场和工业级市场两部分。消费级市场主要由个人、航模协会等组成，其主要使用无人机进行航拍；工业级市场主要由政府、企事业单位等组成，其主要使用无人机搭载各种专业设备进行高空作业。平台应针对不同需求侧的用途、特点、偏好进行创新。例如，在消费级无人机市场的创新重点主要是外观、价格和便携性等，而在工业级无人机市场的创新重点则是飞行性能和作业能力等。其次，平台还应重视挖掘用户的隐性需求，以隐性需求引导企业创新。服务监管模块包括金融机构、法律和政策制定机构、监管机构等。金融机构为无人机产业创新提供资金支持；法律和政策制定机构及监管机构为无人机产业的正常运转提供制度保障，既规范市场上的无人机技术、产品和服务，又对无人机的使用进行监管，为无人机产业创新提供最适宜的制度环境。在监管过程中，关键是要明确管理对象和责任主体，并形成统一的技术标准体系和有效的空管技术手段。如此，无人机行业内会逐渐形成自己的监管服务体系，作为行业与服务监管模块的中介，实现无人机行业的自服务、自监管。

二、平台功能结构

无人机产业创新平台功能旨在提高无人机市场价值，以及提升我国无人机研发、制造、使用能力。主要体现为以下三点：①提高作业能力。现有民用无人机大都摆脱不了巡航时间短、巡航速度慢、巡航半径小、机载重量轻等局限。因此未来的无人机将向更高参数（长、快、高、远、重）发展，大幅提高其作业能力。②拓展应用范围。目前的消费级无人机主要用于航拍娱乐，而工业级无人机的应用主要集中在警用安防等专业领域，市场满意度较低。未来将拓展无人机的应用领域至能源勘探、气象监测等。③优化用户体验。民用无人机进入市场时间较短，价格偏高，这是无人机市场发展的最大阻力；由于缺乏政策引导和部门监管，“黑飞”现象频发，进而引起“禁飞”。因此，平台还将在需求侧进行引导，加快政策和法律规范的出台，优化用户体验。综上，将无人机产业创新平台的功能分为研发功能、市场功能、规制功能。无人机产业创新平台的功能结构如图 10-2 所示。

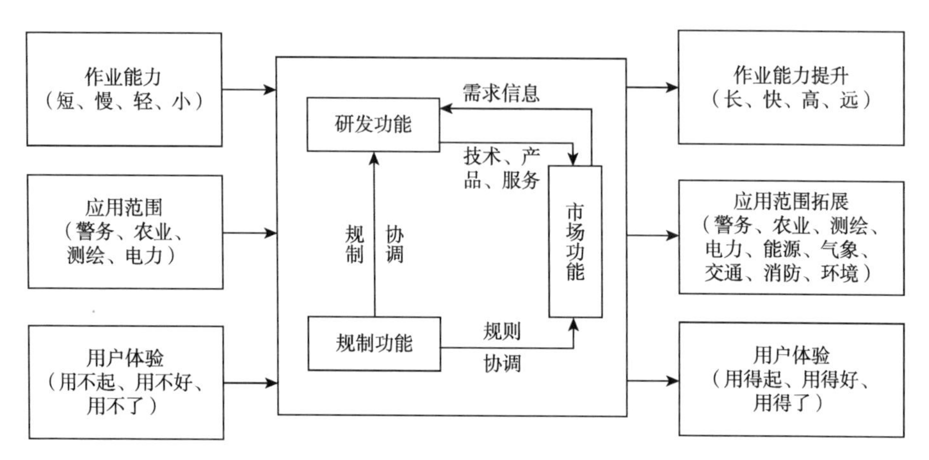

图 10-2 无人机产业创新平台功能结构

研发功能主要由无人机企业、高校、科研机构等支持。无人机产业创新所需的各项资源在平台上被整合、配置、共享，进而转化为无人机的研发要素，形成创新无人机技术、产品和服务，并通过企业的市场行为、高校和研究机构的创新成果商业化行为，实现创新成果外溢。但由于自身利益的局限性，企业通常对产业共性技术研发具有排斥心理，因此平台还应着重解决平台整体利益和企业自身利益的平衡问题。

市场功能主要由无人机企业的市场部门及其他无人机研究机构的信息部门支持。一方面，通过市场调研等方式，市场和信息部门将充分收集无人机需求侧的信息，形成相应的研发建议反馈给研发机构，后者可根据真实可靠的市场需求研发出更符合用户需求的创新无人机成果。另一方面，企业市场部门负责开拓创新成果的市场，实现市场创新收益。

规制功能主要由政府监管部门、行业协会等支持。通过开展无人机产业顶层规划，及时公开、公布最新的无人机政策、法律法规和行业标准等，平台可同时规范无人机的研发、生产、销售和使用环节，解决用户用不起、用不了、用不好无人机的问题。另外，平台负责制定产业发展目标、发展规划、责权利分配方案等，引导无人机产业健康、稳定发展。

第三节 无人机产业创新平台建设途径及运行机制

一、平台建设途径

构建无人机产业创新平台，需要构建一个动态、稳定、开放的智能产业元。首先，在市场竞合作用下，逐渐确立若干拥有较高技术创新能力、市场竞争能力和产业主导能力的核心企业作为智能产业元的核心，通过核心企业的市场行为引导产业发展。其次，其他无人机企业向产业创新平台输入智能生产与服务功能及价值，促进平台上的技术、信息、资源等要素流动。最后，在政府和市场的双重规制下，由核心企业主导和其他各类企业共同参与建立无人机行业规范。

（一）确定智能产业元的核心

智能产业元是产业创新平台上的创新企业集群，是智能生产与服务网络体系下产业创新平台的主要创新要素，也是构成该平台的基本单位[13]。智能产业元的核心是具备行业领导权和话语权的、有较强创新能力的企业、机构或团队。以深圳市大疆创新科技有限公司（以下简称大疆）为例，大疆可谓中国无人机企业的领头羊和创新先行者，其开发的无人机占据了全球民用小型无人机约 70%的市场份额[14]。大疆一直都以突破性技术创新保持竞争优势，自主研发出一系列无人机核心技术，是全球领先的无人飞行器控制系统及无人机解决方案的研发和生产商。除具有较强创新能力的企业、机构或团队外，在各种无人机细分市场上的市场领导者，也均可成为无人机智能产业元的核心。

（二）输入智能生产与服务功能及价值

非核心无人机企业及其供应链上下游企业可通过市场竞争，沿创新链、产业链、功能链和价值链向智能产业元输入智能生产与服务功能及价值，并使这些要素有机整合，从而成为智能产业元整体的一部分。例如，全球领先的开源硬件 Arduino 就是一个面向众多智能机器人制造商及爱好者的硬件开发平台，无人机的飞行控制程序是其中的一个模块；目前国内大部分无人机制造商基于 Arduino 开发自己的飞行控制程序。此外，军方、高校和研究机构等可向智能产业元内输入知识、技术、人才等智力要素，使智能产业元内的智能生产与服务功能及价值最大化。

（三）建立行业规范

在市场和政府双重约束下，无人机智能产业元的核心将主导建立统一的生产技术标准和利益分配机制等行业规范，形成标准化生产机制和利益分配机制，并主导建立行业内的智能生产与服务监管系统，如产业联盟等。通过智能生产与服务监管系统，企业与政府之间的沟通将更加顺畅，相关法律法规也将得到更有效的执行，逐渐实现无人机行业内的自服务、自监管；同时，政府出台或完善相关法律法规及政策，对无人机产业创新平台的建设和管理进行监管和提供服务，保护相关企业或组织在参与市场竞争时的产权利益。

二、平台运行机制

无人机产业创新平台是一个复杂的产业组织网络系统，其必然存在着平台领导权、资源共享效率和利益分配博弈等问题[15]。要解决这些问题需要通过相应的运行机制予以支持和保障。因此，本章从运转导向机制、领导权更替机制、资源共享机制和模块耦合机制四个方面阐述平台运行机制。

第一，运转导向机制。在平台初建期，应由政府主导建设无人机产业发展所需的软硬件环境，通过政策引导和财政扶持等方式，在宏观上引导产业健康、平稳运转，平台规制功能占主导地位。同时，依靠市场功能促进平台上各种创新资源和要素的流动和合理配置。在平台成长期，起核心作用的无人机企业将主导平台控制权，平台逐渐转为以市场功能为主导。通过市场作用实现优胜劣汰，优化创新资源与要素配置，依托互联网等高效传输渠道，加快平台的信息和要素流动。平台规制功能在这期间起到协调性作用，保证控制权让渡的平稳性和高效性。在平台成熟期，市场功能完全主导平台运转。在完善的市场规则导向下，平台内各主体可实现自服务、自监管，并在一定范围内实现融合发展。平台高效、稳定运转的同时，政府及产业联盟等根据无人机产业成熟状况和宏观产业环境，引导无人机产业融合发展，实现产业转型升级。

第二，领导权更替机制。在无人机产业创新平台中，核心组织（企业、机构或团队）的领导地位不是一成不变的，在市场作用下，核心组织的兴衰成败直接决定其领导权的更替与否。平台领导权的更替是动态的，是在产业生态圈中通过激烈竞争获得的。由于技术、知识等创新要素及竞争环境都处于快速的变动之中，平台领导权很难保持长久的稳定性。无人机产业创新平台的领导权更替主要表现如下：一是平台参与者的自选择和自组织，如无人机产业联盟或产业协会等；二是无人机价值链上的具有强势市场竞争力的企业或机构，在下一次生产循环中被具有更强核心竞争力的组织所替代。领导权更替机制如图 10-3 所示。

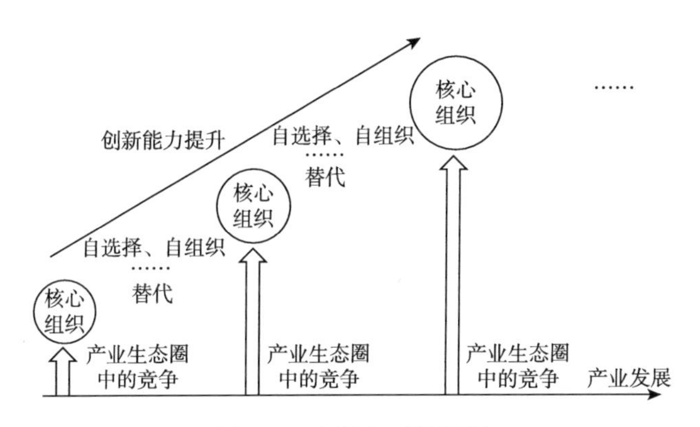

图 10-3　领导权更替机制

第三，资源共享机制。无人机产业创新平台也是一个资源共享平台。通过集成信息、知识、技术、人才、资金、设备及稀缺资源等，平台能产生集聚效应以促进创新活动。同时，在创新链、产业链、价值链等渠道引导下，平台主体以互联网为载体，借助大数据、云技术等信息化手段进行创新资源的扩散和传播，最大限度地发挥平台研发功能。在此过程中，原本孤立的资源逐渐集聚并融合，形成一个高效的资源共享中心。值得一提的是，平台上并不是所有的资源都是免费的，除少数公共技术可以免费获取和交换外，其余创新资源均以市场规律进行交换。平台内的资源需求者可支付比平台外更低的平台服务费和资源使用费以获取资源，而资源提供者获得相应的资源费用和资源共享津贴。资源共享机制如图 10-4 所示。

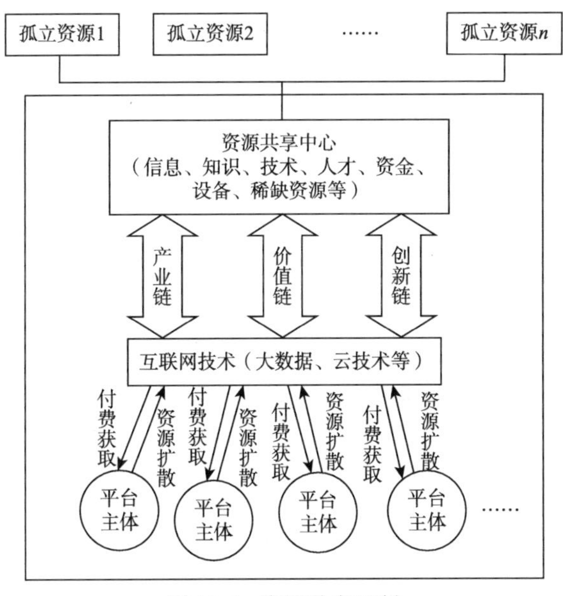

图 10-4　资源共享机制

第四，模块耦合机制。无人机产业创新平台由核心创新模块、智力支撑模块、市场导向模块和服务监管模块组成，这四个模块在一定规则约束下以耦合方式相互联系并保持高效率运转。模块耦合机制有以下三个原则。其一，价值最大化原则。各模块之间的信息交流、技术交换、资源流动均以最高效率完成，剔除不必要的收益损耗环节，使平台充分发挥其研发、市场和规制功能，并形成协同效应。其二，动态性原则。产业环境的复杂多变性要求平台各模块间的耦合应具有动态性，耦合的深度、广度应随产业发展而动态变化，导致了不同时期主导平台的功能是不同的。其三，柔性耦合原则。平台建立初期各模块之间少不了会发生“刚性碰撞”，导致产业发展不平衡不协调，此时平台规制功能应起到润滑剂的作用，协调各模块间的作用和关系，促进各模块间柔性耦合。

第四节 本章小结

无人机由于其技术较先进、产业链较长、应用广泛，是我国航空领域重点发展的方向之一。本章分析了国内无人机产业发展现状，以及无人机供给侧发展迟缓、需求侧效用低下的问题。从智能生产与服务的视角，研究了无人机产业创新平台的构建和运行机制，研究了无人机产业创新平台构建的四个模块：核心创新模块、智力支撑模块、市场导向模块和服务监管模块，阐述了平台所具备的研发功能、市场功能和规制功能。

参考文献

[1] 周钰婷，郑健壮. 全球无人机产业：现状与趋势[J]. 经济研究导刊，2016，（26）：26-30.

[2] 白瑞杰，李晓雪.《中国制造 2025》背景下的无人机发展前景[J]. 电信工程技术与标准化，2017，30（4）：11-13.

[3] Liu Q，Ge Z，Song W. Research based on patent analysis about the present status and development trends of unmanned aerial vehicle in China[J]. Open Journal of Social Sciences，2016，4（7）：172-181.

[4] 彭珍妮，裴锦华. 我国民用无人机管理现状与思考[J]. 科技资讯，2017，15（31）：136，138.

[5] 艾洪昌，王春生. 我国民用无人机管理现状探析[J]. 管理观察，2015，（7）：191-192.

[6] 宋福杰，肖强. 无人机产业分析报告[J]. 高科技与产业化，2016，（8）：56-61.

[7] 徐胜利. 民用无人机产业现状及对未来发展前景的浅析[J]. 时代金融，2017，（6）：229，232.

[8] 李必强，郭岭. 产业平台与平台化生产经营模式研究[J]. 科技进步与对策，2005，（5）：98-100.

[9] 许正中，高常水. 产业创新平台与先导产业集群：一种区域协调发展模式[J]. 经济体制改革，2010，（4）：136-140.

[10] 谭清美. 产业互联网中的智能产业元[N]. 中国社会科学报，2016-09-21.

[11] 房银海，谭清美. 基于演化博弈的新型产业创新平台领导策略研究[J]. 科技管理研究，2017，37（12）：159-166.

[12] 尹君，谭清美. 智能生产与服务网络下新型产业创新平台运行模式研究[J]. 科技进步与对策，2018，35（6）：65-69.

[13] 谭清美，房银海，王斌. 智能生产与服务网络条件下产业创新平台存在形式研究[J]. 科技进步与对策，2015，32（23）：62-66.

[14] 陈淑桦. 无人机产业：千亿新蓝海[J]. 决策，2015，（6）：66-67.

[15] 夏后学，谭清美，王斌. 装备制造业高端化的新型产业创新平台研究——智能生产与服务网络视角[J]. 科研管理，2017，（12）：1-10.

第十一章　智能生产与服务网络体系中新型产业创新平台网络界壳和网络效应

第一节　引　　言

“工业 4.0”的影响和效应在全球范围内不断扩散，促进世界范围内新一轮工业革命浪潮的兴起。“中国制造 2025”战略的主旨是实现中国从制造大国转变为制造强国的战略目标。然而，各地方政府在对接“中国制造 2025”战略过程中，囿于既有产业结构落后的现状，贯彻落实这一战略的策略和措施尚需进一步清晰、明确。鉴于此，谭清美等提出了“智能生产与服务网络体系中新型产业创新平台”的概念[1]，以“互联网＋传统制造业”的模式构建“智能生产与服务网络体系中新型产业创新平台”，并定义了智能生产与服务网络体系中的智能产业元[2]。这种新型网络平台具有知识性、营利性、开放性、公共性、互动性，甚至具有军事性和保密性，因此，这种网络体系必须具备较高的安全性和风险识别性。针对这一问题，本章从网络安全防护的角度出发，对智能生产与服务网络体系中新型产业创新平台设计网络界壳套，包括主干网防火墙、子网界壳、界壳开放度等内容，以确保平台内各利益主体一切经济活动和研发活动都安全、顺畅进行，确保军事研发信息、民用商业信息、军民两用核心技术、资本账户的安全。本章研究内容是对智能生产与服务网络体系中新型产业创新平台存在形式和运行机制的补充和完善，对智能生产与服务网络体系中新型产业创新平台建设与运行具有理论和实践意义。

“工业 4.0”是《德国 2020 高技术战略》中提出的十大未来项目之一，旨在提升制造业的智能化水平，建立具有适应性、资源效率及基因工程学的智慧工厂，在商业流程及价值流程中整合客户及商业伙伴。其技术基础是网络实体系统及物联网，利用“信息物理系统”将生产中的供应、制造、销售信息数据化、智慧化，最后达到快速、有效、个人化的产品供应[3]。中国学者把相关概念拓展到产业层面，提出“智能生产与服务网络体系中新型产业创新平台”的概念，认为智能生产与服务网络体系中新兴产业创新平台包含五个子体系：生产与服务组织体系、科技支撑体系、信息感知与传输体系、基础设施支撑体系、系统规制体系。此后，围绕该体系产生一系列相关研究，包括体系运行机制及其功能研究[4]、平台促进传统产业高端化路径研究[5]、平台战略地图研究[6]，以及平台利润分配机制研究[7]。

“界壳理论”由曹鸿兴教授首先提出，用于研究系统周界问题，认为系统自身具有周界，即系统界壳，可以分离系统与外部环境[8]。“泛系理论”由吴学谋教授首先提出，兼顾宏观、微观的多层次网络体系，用于研究广义系统[9]。“界壳理论”和“泛系理论”适用于本章关于“智能生产与服务网络体系中新型产业创新平台”安全性、保密性的研究。

第二节　智能生产与服务网络体系中新型产业创新平台界壳套

一、智能生产与服务网络体系中新型产业创新平台网络结构

信息物理系统和物联网及服务系统是“智能生产与服务网络体系中新型产业创新平台”的网络系统基础，支撑包括科技支撑体系、信息感知与传输体系、生产与服务组织体系、基础设施体系、系统规制体系在内的所有子体系。平台一切活动均受系统规制体系的约束，该体系控制人、财、物、信息等输入、输出，如图 11-1 所示。

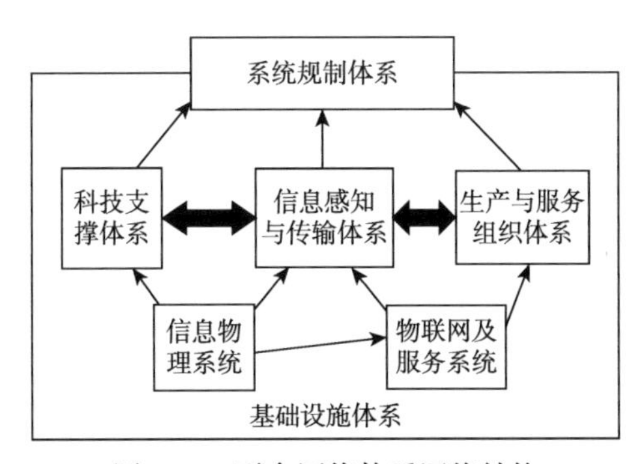

图 11-1　平台网络体系网络结构

由图 11-1 可知，“智能生产与服务网络体系中新型产业创新平台”网络结构比传统产学研合作平台复杂，涉及技术、产品、生产工艺、生产管理模式等创新要素；研发机密、商业机密在体系内部流转，安全级别较高。因此，在设计平台网络界壳时，必须既要保护体系网络安全，还要保障内部信息交互的准确性和可靠性。

二、智能生产与服务网络体系中新型产业创新平台网络界壳套设计

社会大多数生产、研发、服务单位采用的互联网模式是主干网连接外部互联网，且主干网中包含若干局域网的拓扑结构。基于现实因素考虑，默认“智能生产与服务网络体系中新型产业创新平台”网络模式亦是如此；其主干网存在于系统规制体系中，受之监控，与外部互联网相连，对内连接其他四个子系统网络（一级子网），选择性输入、输出信息数据。只有一级子网与主干网连接，在系统规制体系监控下，选择性访问外部互联网。一级子网在体系内相当于并列的四个大局域网，分别连接对应的下属单位子网（二级子网），包括生产企业网络、科研单位网络、服务机构网络等。为了保护体系网络安全，必须对主干网、一级子网、二级子网安置网络界壳，包括身份验证、信息监控、入侵检测等。设计方案如下。

首先，设置主干网界壳，即主干网与外部互联网之间的网络防火墙。防火墙具有很好的网络安全保护作用。网络入侵必须穿越防火墙才可接触到网络目标。防火墙作为内部网与外部网之间的一种访问控制设备，常常设置在内部网和外部网交界点上，即设置在“智能生产与服务网络体系中新型产业创新平台”主干网上。流入流出平台体系的所有网络通信均要经过主干网界壳（防火墙）。主干网界壳（防火墙）对流经平台体系的网络通信进行扫描，滤掉外来网络攻击，保障平台体系网络安全。由于“智能生产与服务网络体系中新型产业创新平台”保护级别较高，因此主干网界壳（防火墙）的配置必须是高级别的。但是，如果保护级别过高，可能会导致一些服务被禁止，因此需要规制体系的不间断人为监控，确保平台体系安全、高效运行。

其次，设置一级子网界壳，四个一级子网在“智能生产与服务网络体系中新型产业创新平台”中的功能各不相同，但业务上有交叉合作，且互动频繁、合作深入。因此，一级子网泄密风险在于数据传输过程。设置一级子网界壳除了保护自身体系安全之外，还必须具有两个重要功能。第一，网络监控功能，具体包括智能关闭未使用的端口，控制数据信息流量、禁止特定端口的流出通信，禁止陌生站点访问，以此防止来自不明入侵者的所有通信。第二，网络身份鉴别功能，即在“智能生产与服务网络体系中新型产业创新平台”中确认网络访客身份的功

能，确定访客是否具有对体系内某些信息的访问和使用权限，进而使系统内访问策略可以有效、可靠地执行，防止外来攻击者假冒合法访客获得资源访问权限，保证系统、信息、数据安全，以及授权访问者的利益。

最后，设置二级子网界壳，即具体某个科研单位、生产企业、服务机构的网络界壳。二级子网界壳从功能上与一级子网界壳基本一致，单个二级子网网络规模比一级子网低很多，但体系内二级子网数量众多，某些关键技术和商业机密往往存在于具体的某个企业或科研单位，是智能生产与服务网络核心价值所在。因此，二级子网安全级别要比一级子网更高。二级子网涉密风险存在于数据库，设置二级子网界壳必须要对数据库进行信息加密，并对访问未成功的网络访客有效记录，以方便确定可能的网络攻击来源。二级子网是智能生产与服务网络体系最终要保护的对象，虽然很多网络攻击被主干网界壳和一级子网界壳挡住，但对“智能生产与服务网络体系中新型产业创新平台”核心内容的保护最好做到滴水不漏。

第三节　智能生产与服务网络体系中新型产业创新平台网络界壳开放度

“智能生产与服务网络体系中新型产业创新平台”内各子系统不是完全封闭或完全开放的；需要一定程度的开放以进行必要的、适度的信息交互。若过分开放，会存在泄密风险及外界网络攻击，威胁网络安全和财产安全。反之，若保守开放，可能导致信息流通不畅，制约创新能力。研发单位、生产企业、服务机构进入平台的准入标准，可以作为其网络界壳开放度的设计基础和原则，如研发资质、生产规模、服务水平、信用级别、资本实力、成果转化能力等。“智能生产与服务网络体系中新型产业创新平台”外部单位如有意向参与内部合作，必须满足平台体系各项指标要求；反之，内部单位未来指标下降至低于体系标准，将被淘汰，以此保障体系创新活力。因此，可以针对不同单位的相关指标，进行网络界壳开放度设计。满足指标越多、指标等级越高的单位，对其开放度越高；反之越低。不达指标的单位禁止进入体系，对其开放度为 0。界壳的现实意义要求界壳不能完全开放，所以界壳开放度的取值区间为（0，1）。界壳开放度表示界壳开放程度的大小，根据界壳理论，引入界壳开放度和闭合度定义。

定义 11.1：设系统的周界记为 L，其周长为 l，界门阔度为 p，则界壳开放度为 $\rho = p / l$。

定义 11.2：界壳闭合度（开放度的补）$\pi = 1 - \rho$。

一、科技支撑体系网络界壳开放度

平台负责核心技术研发创新任务的子功能体系——科技支撑体系，包括高等院校、科研院所、民营研发机构等。按照科技支撑体系对下属单位的准入原则，设定：研发实力越强的单位，对其网络开放度越高。研发实力指标包括专利数量、科研人员数量、核心技术数量等。设科技支撑体系总研发能力为 D，总专利数量、科研人员数量、核心技术数量等 n 个研发要素数量分别为 $X_1,X_2,\cdots,X_n$；其下属某个科研单位研发实力为 d，研发要素数量分别为 $x_1,x_2,\cdots,x_n$；各要素在研发能力中的权重分别为 $w_1,w_2,\cdots,w_n$。科技支撑体系对其下属该科研单位网络界壳开放度为

$$\lambda=\frac{d}{D}=\frac{\sum_{i=1}^{n}w_ix_i}{\sum_{i=1}^{n}w_iX_i}\times 100\,,\quad \sum_{i=1}^{n}w_i=1$$

科技支撑体系对研发能力较强的单位，网络开放度较大。体系出于核心机密保密的需要，对掌握核心技术的单位更多开放无可厚非。因此，掌握核心技术的单位，才有可能深度接触到体系的核心数据信息，甚至得到体系的领导权。

二、生产与服务组织体系网络界壳开放度

生产与服务组织体系包括两个部分——生产企业、服务机构，生产企业可以将创新成果转化为产品，服务机构可以为生产企业提供配套生产性服务。按照生产与服务组织体系对下属单位的准入原则，设定：生产、服务实力越强的单位，对其网络开放度越高。生产、服务实力可以用单位时间生产、服务的产出价值来表示。故生产与服务组织体系网络界壳开放度分为以下两部分。

第一，生产组织系统网络界壳开放度。设生产组织系统总生产能力为 Q_s，某单个生产单位生产能力为 q_s，则其网络开放度为

$$\lambda_s=\frac{q_s}{Q_s}\times 100\%$$

第二，服务组织系统网络界壳开放度。设服务组织系统总配套服务能力为 Q_f，某单个服务机构服务能力为 q_f。则其网络开放度为

$$\lambda_f=\frac{q_f}{Q_f}\times 100\%$$

生产与服务组织体系对生产、服务单位的网络开放条件相对简单。只要生产

或服务能力足够，进入体系网络获得相关信息及技术支撑的门槛相对较低，但仅限访问生产与服务体系，可以优先购买创新技术、享受即时配套服务等。

三、信息感知与传输体系安全界壳开放度

信息感知与传输体系以特定的网络系统——“信息物理系统”和“物联网及服务系统”为载体，负责支持所有子功能体系的信息交互。其网络界壳包括平台内部所有子功能体系的通信网络界壳——一级子网界壳，以及各子功能体系下属单位的网络界壳——二级子网界壳；其功能涉及控制信息流量、准确识别信息、保障网络安全等。不同的一级子网之间，或者一级子网和其下属的二级子网之间需要进行信息交互。此处引入界壳理论中交换率的概念。

定义 11.3：外部环境可交换量 E_e 与通过界门交换的实际量 E_s 之比表示交换率 α ，即

$$\alpha = E_s / E_e$$

交换包括输入 I 和输出 O，净交换 E_p 是两者之差，总交换 E_t 是两者之和。即

$$E_p = O - I\text{；}\ E_t = O + I$$

信息感知与传输体系信息流量受信息供给率 I_s 、用户接受率 I_d 的双向影响。因此，信息感知与传输体系信息交换率可表示为

$$\alpha = \left(I_s + I_d\right) / 2$$

当信息需求量 Q 随时间 t 变化不断增长时，可用指数函数表示 Q 与 t 的关系。则“需求–供给”模型可表示为

$$\mathrm{d}Q / \mathrm{d}t = \beta Q + I_s - I_d$$

其中，β 为估计参数。平衡态为

$$\mathrm{d}Q / \mathrm{d}t = 0$$

则平衡解为

$$Q^* = 2\left(\alpha - I_s\right) / \beta$$

令：当 $t = 0$ 时，$Q(0) = q$ ，解得

$$Q(t) = \left[q - 2\left(I_s - \alpha\right) / \beta\right]\mathrm{e}^{\beta t} + 2\left(I_d - \alpha\right) / \beta$$

设信息感知与传输体系最大信息承载力为 N ，则在 t 时刻，信息感知与传输体系网络界壳开放度可表达为

$$\lambda(t) = Q(t) / N = \left[q - 2\left(I_s - \alpha\right) / \beta\right]\mathrm{e}^{\beta t} / N + 2\left(I_d - \alpha\right) / \beta N$$

即某端口在 t 时刻信息需求量比上该系统信息最大承载力。即便如此，体系也不

可能按照最大承载力状态开放；需人为设定最大开放度保护系统安全。一般来说，选取信息量供需平衡状态作为最大开放度指标。即

$$\lambda_{\max} = Q^* / N = 2(\alpha - I_s) / \beta N$$

信息感知与传输体系以略小于开放度最大值的原则适度开放体系，既可以保证平台网络安全，又可以即时、高效完成信息交互。开放度若超过设定的最大值，平台的稳定性将受到威胁。

四、基础设施体系网络界壳开放度

基础设施体系负责创新物质条件的保障，包括现代生产工序、智能控制系统、研发实验室、工程试验室等。基础设施体系与科技支撑体系功能相似但侧重点不同。科技支撑体系侧重创新人才、创新组织群体的吸收；基础设施体系强调创新物质、创新设备、创新软件的供给。设基础设施体系总体创新软件设施基数为 Q_r，总体创新硬件设施基数为 Q_y，其下属某个单位创新软件设施数量为 q_r，创新硬件设施数量为 q_y。令 w 为软件设施权重，则 $(1-w)$ 即硬件设施权重。基础设施体系网络界壳开放度为

$$\lambda = \left[w(q_r / Q_r) + (1-w)(q_y / Q_y) \right] \times 100\%$$

基础设施体系网络界壳开放度受创新软件设施和创新硬件设施两方面的制约。开放度的大小，取决于某种创新产品对创新软件或创新硬件依赖程度的大小。一般来说，在创新产品研制初期，对创新软件的依赖更大，随着创新进程的发展，步入试生产阶段时，对硬件的要求更高。因此，基础设施体系网络界壳的开放度会随创新进程和时间变化而波动。值得注意的是，基础设施体系一般由政府牵头建设；即一般由政府牵头提供智能生产与服务网络体系建设所必要的软、硬件设施。建设初期，体系对外开放度较大，随着基础设施的不断完善，开放度将逐渐减小。

五、系统规制体系网络界壳开放度

系统规制体系内置平台的主干网，与外部互联网相连。对外开放度越大，外部访问量越多，虽然这会使体系对外影响力不断上升，但存在潜在信息安全威胁；需要在系统规制体系内设置主干网界壳，即主干网防火墙。正常情况下，防火墙不可能完全开放或封闭，其开放必须保障网络系统安全，确保网络通信顺畅。

在此需要通过防火墙安全性来讨论防火墙开放度问题。设外界网络攻击强度为 A，防火墙保护强度为 P，则防火墙安全性 S 为

$$S = P / A$$

显然，$S \in [0,1]$，只有当安全性取值不为 0 时，界壳开放才有实际意义。安全性 S 取值范围对应平台网络系统安全情况如表 11-1 所示。

表 11-1　安全性 S 取值范围对应平台网络系统安全情况

S 取值范围	0	（0，1）	1
网络安全情况	平台系统瘫痪	平台系统有安全漏洞	平台系统安全
对外开放度	无意义	减少开放度，如需要可暂时完全封闭	增加开放度，但不能超过开放度上限

安全性 S 的数值在网络体系中是比较容易获得的数据。因此，“智能生产与服务网络体系中军民融合产业创新平台”网络界壳的开放度可根据防火墙安全性 S 当前的大小来设定，即当安全性 S 等于 1 时，开放度可适当增加但不能超过开放度上限；当安全性 S 小于 1 时，须降低开放度，尽快恢复原状；若安全性 S 越接近于 0，开放度越要降低，必要时开放度可以暂时为 0，以便修复网络体系的漏洞。

第四节　智能生产与服务网络体系中新型产业创新平台界壳开放度泛系观控模型

如何在系统运行过程中把握好界壳开放度，是系统工程领域研究的课题；“智能生产与服务网络体系中新型产业创新平台”界壳开放度受时间、空间、物质、能量、信息等因素的影响。采用“泛系理论”观控界壳开放度，可以较为全面地在任一时点观控体系开放度。平台界壳泛系观控流程如图 11-2 所示。

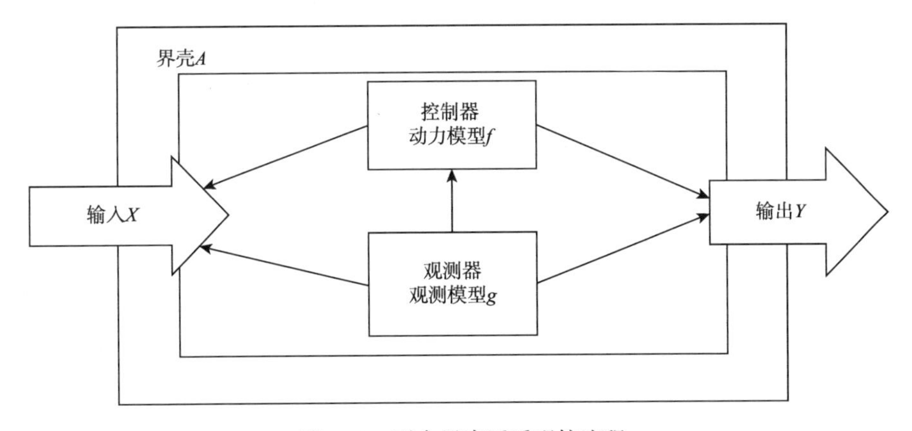

图 11-2　平台界壳泛系观控流程

界壳理论的观点认为，一个系统包括其界壳及系统内部。因此，设智能生产与服务网络体系为S，界壳为A，体系内的一切为B。用泛系理论数学模型表示平台网络体系及其观控模型为

$$S=(A,B),\quad A=X\cup Y\cup Q,\quad B=\{f,g\}$$

$$f\text{：}X\times Q\to Q\text{（动力模型）}$$

$$g\text{：}Q\to Y\text{（观测模型）}$$

其中，X为输入集；Y为输出集；Q为态集；X，Y，Q均为高维直集。逐次应用f自我迭代有

$$^{(n)}f\text{：}X^n\times Q\to Q,\quad ^{*}f\text{：}X^{*}\times Q\to Q$$

若对任何$(x_0,x_*)\in Q^2$，存在$t\in x^*$使$^*f(t,x_0)=x_*$，则认为智能生产与服务网络体系中新型产业创新平台界壳开放度完全可控。它是以Kalman的可控性为特型的一般化表达。记$X^{(n)}=X\cup X^2\cup\cdots\cup X^n$。由$f$也可生成$^{[n]}f$：$X^{[n]}\times Q\to Q$。由此可推广：若$f$能导致$\varphi$：$F\times G\to\varphi(F\times G)D\subset X^a$，$a\in\{m,[n],*\}$，其中，$a$代表串步限定，$D$代表可能输入或控制手段的限定，则对$x_0\in F$，$x_*\in G$有$(a,D)$型可控性，即存在$t\in X^a$使$^af(t,x_0)=x_*$。其中，$F,G\subset Q$或$Q$的商缩影。当$a=*$，$D=X^*$，$F$，$G=Q$时，为Kalman的完全可控性，包含智能生产与服务网络体系中新型产业创新平台界壳开放度被控初态终态变域的异化，即F、G未必全同，但又涵盖一般非异化、非限定的特例，可称为(a,D,F,G)可控性。若$\varphi(F\times G)\not\subset D$，又得$(a,D',F',G')$可控性，其中，$D'=\varphi(F\times G)\cap D$，$F'$，$G'$为$Q$的某商缩影，$F'\times G'\subset\varphi^{-1}(D')$。

智能生产与服务网络体系中新型产业创新平台界壳开放度可观性研究相对可控性要复杂一些。由动力模型和观测模型f，g复合，得$^af\circ g$：$X^a\times Q\to Y$，令当a=0时，$^0f\circ g$为g。设$A\subset\{m,[n],*\}$，$D\subset\cup\{X^a|a\in A\}$，$E\subset Y$，若由$(D,A,E)$与$f$，$g$在$a\in A$，$t\in D$，$y\in E$的条件限制下，使$\varphi$：$E\to\varphi(E)$，即$Q$的商缩影。因此，由限制观测$E$对$x\in\varphi(E)$有$(D,A,E,\varphi)$可观性，即$f$，$g$的限定组合$(D,A)$从$E$可按$\varphi$提供的广义可算性，能计算出$\varphi(E)$中的商缩影态。若以Kalman的可观性为特例，即令A为$\{*\}$，$E=Y$，$\varphi(E)=Q$，可算出有限维特型矩阵秩性条件。因此，泛系理论下智能生产与服务网络体系中新型产业创新平台界壳的开放度可观性更具有观控结合的特征，显化了体系开放过程中可能有的观测、控制的限制及其φ的类型。

以Q为智能生产与服务网络体系中新型产业创新平台界壳控制的网点集，则f为泛权网络，可改写为$f\subset Q^2\times X$，g为泛权场，可改写为$g\subset Q\times Y$或

$h\subset Q^2\times Y^2$，h 也可以是$h\subset Q^2\times Y$。智能生产与服务网络体系中新型产业创新平台界壳控制本质上属于泛权场网$\varphi\subset\left(Q\cup Q^2\right)\times W$，$W=X\cup Y$或$\varphi\subset Q^2\times W$，$W=X\cup Y^2$。对$x_1$，$x_2\in Q$，$y\in Y$，$g\left(x_1\right)=y$，可定义$\left(x_1,x_2,y\right)\in h$。则$\varphi$可表示为$\varphi\subset Q^2\times W$，$W=X\times Y$，即以输入、输出作为泛权能以泛权场网或泛权网络的形式表示智能生产与服务网络体系中新型产业创新平台界壳的控制形式。对泛系算子θ: $P\left(Q^2\right)\to E_s\left[Q\right)$，$D_*\subset W$，则有泛系聚类商化$Q=\bigcup Q_i\left(\mathrm{d}\theta\left(\varphi\circ D_*\right)\right)$。

若进一步考虑复合，即${}^a f\subset Q^2\times X^a$，$g_k\subset Q^2\times Y$，$k\in D\times A$，或$g\subset Q^2\times\left(Y\uparrow\left[D\times A\right]\right)$，分析$\varphi\subset Q^2\times W$的泛系聚类，可研究新的观控性。观测模型$g$: $Q\to Y$是广义的藏象关系、表里关系，也就是说观测是由象辨藏，由表及里的。对于观测值$y\in Y$，通常只能观测一个类$g\circ y=g^{-1}(y)\subset Q$，辨异水平只是$\overline{g\circ g^{-1}}\in\bar{E}\left[Q\right)$。当$g\circ g^{-1}=I(Q)$时才完全可观。而观控结合条件下，$g_k$: $Q\to Y$，$g_k={}^a f\circ g$，$k\in D\times A$，$A\subset\left\{m,[n],*\right\}$，$D\subset\bigcup\left\{X^a\middle|a\in A\right\}$，是一组观测模型的联合观测。在上述条件下，观控结合的辨异水平为$\bigcup\left\{\overline{g\circ g^{-1}}\middle|k\in D\times A\right\}=\delta\in\bar{E}\left[Q\right)$。因此，智能生产与服务网络体系中新型产业创新平台网络界壳在$D\times A$限制下，商系统Q/δ可观。当$\bar{\delta}=I(Q)$时，完全可观。

若智能生产与服务网络体系中新型产业创新平台动力模型为$\varphi\subset X\times Y^2$，观测模型为$g\subset Q\times Y$，则$\left(g^{-1}\right)'$：$PY^2\to P\left(Q^2\right)$，并有不确定性的内态动力模型$\varphi\circ\left(g^{-1}\right)'\subset X\times Q^2$，即由$\varphi$通过 g 可观$\varphi\circ\left(g^{-1}\right)'$。若动力模型为$\varphi\subset X^a\times Y^b$，$a,b\in\left\{m,[n],*\right\}$，观测模型为$g\subset Q\times Y$，则有泛导$\left(g^{-1}\right)'$：$P\left(Y^b\right)\to P\left(Q^b\right)$及内态模型$\varphi\circ\left(g^{-1}\right)'\subset X^a\times Q^b$。若动力模型为$\varphi$: $X^a\times Y\to Y$，$a\in\left\{m,[n],*\right\}$，观测模型为$g_k$: $Q\to Y$，则有内态商动力模型ψ: $X^a\times\left(Q/\theta\right)\to Q/\theta$，其中，$\theta=\bigcap g_k\circ g_k^{-1}$，$y_2=\varphi\left(t,y_1\right)$，$p\left(y_2\right)=\psi\left(t,p\left(y_1\right)\right)$，$p(y)=\bigcap g_k^{-1}(y)\in Q/\theta$，$p:\bigcup g_k(Q)\to Q/\theta$，即通过$g_k$，由$\varphi$可观$\psi$。若动力模型为$\varphi$: $X^a\times\left(Y/\delta\right)\to\left(Y/\delta\right)$，$a\in\left\{n,[n],*\right\}$，$\delta\in E_s\left[Y\right)$，观测模型为$g_k\subset Q\times Y$，$g_k$对$Q$为满秩，则有内态商动力模型$\psi$: $X^a\times\left(Q/\theta\right)\to Q/\theta$，$\theta=g_k\circ\delta$。$g_k^{-1}\in E_s\left[Q\right)$，对$y_1,y_2\in$

Y/δ，$y_1, y_2 \subset Y(\mathrm{d}\delta)$，定义 $p(y_i)=\bigcap g_k \circ y_i = \bigcap \left(g_k^{-1}\right)'(y_i)$，当 $y_2=\varphi(t, y_1)$ 时，令 $p(y_2)=\psi(t, p(y_1))$。其中，$p: \bigcup\left\{y \mid y \in Y/\delta, y \bigcap Q \circ g_k \neq \varnothing\right\} \to Q/\theta$。$p(y_i)$ 的定义中 $\bigcap g_k \circ y_i$ 只对 $g_k \circ y_i \neq \phi$ 取交。

综上而言，泛系观控模型基于系统动力模型和观测模型，观测内态商动力模型，发现智能生产与服务网络体系中新型产业创新平台以创新能力作为体系动力，观控整个平台体系界壳开放度，属 Kalman 可控性。由动力模型和观测模型复合，在几次迭代过程中，发现其网络界壳开放度可观性具有观控结合的特征，显化了智能生产与服务网络体系中新型产业创新平台安全界壳体系开放过程中可能有的观测、控制的限制及其 φ 的类型。因此，应用泛系理论可以对其网络界壳控制进行评估预测，进而控制界壳的开放度，从而掌控智能生产与服务网络体系中新型产业创新平台整体网络效应。

第五节　智能生产与服务网络体系中新型产业创新平台网络效应原理

智能生产与服务网络体系中新型产业创新平台的创新能力与网络规模、网络开放度密切相关。智能生产与服务网络体系对某一用户的网络价值，取决于使用该体系网络其他用户的数量，这称为网络外部性，或网络效应。网络规模扩大、开放度的增加，带来网络交换率的提升，促进平台网络体系网络价值呈几何级数增长。根据智能生产与服务网络体系中新型产业创新平台网络模式，认为智能生产与服务网络体系中新型产业创新平台将产生三种网络效应模式：直接网络效应、间接网络效应及双边网络效应。

一、直接网络效应原理

直接网络效应产生于智能生产与服务网络体系中新型产业创新平台内平行兼容的子网络，如新型产业创新平台内的四个一级子网络之间、相同一级子网络下属的二级子网络之间。直接网络效应下，新型产业创新平台体系内各用户收益受到直接网络中用户总数影响。设智能生产与服务网络体系中新型产业创新平台内某用户从直接网络中获得的收益为 U；在直接网络中获得但与直接网络无关的收益为 a，如来自其他一级子网的产品或服务；网络规模为 N；直接网络开放度为

λ；直接网络效应强度为 P，则该用户收益函数可表示为

$$U = \lambda PN + a$$

其中，λPN 为直接网络收益 $\lambda, P \in (0,1)$，a 为常数。随着直接网络规模的增加，新型产业创新平台体系内用户的基数及新型产业创新平台体系网络开放度也随之增加，势必导致直接网络效应强度 P 不断减小，甚至趋近于 0。因此，单个用户边际网络效应是递减的。或者说，新型产业创新平台体系网络规模越大，则体系内各子体系包含的科研、生产、服务单位越多，导致网络开放度增加，直接网络效应强度降低，每个用户的收益减少。因此，控制智能生产与服务网络体系中新型产业创新平台体系规模及其开放度，对保障新型产业创新平台体系内各单位的利益至关重要。

二、间接网络效应原理

间接网络效应产生于智能生产与服务网络体系中新型产业创新平台内垂直兼容的子网络，如一级子网络与其下属的二级子网络之间。间接网络效应下，新型产业创新平台体系内各用户收益间接受到网络体系用户总数影响。设智能生产与服务网络体系中新型产业创新平台内某用户从间接网络中获得的收益为 V；在间接网络中获得但与间接网络无关的收益为 b，如来自该用户所处一级子网所下辖的所有二级子网提供的产品或服务；垂直兼容的子网数量为 s；直接网络开放度为 λ；用户对子网的需求强度为 d，则该用户收益函数可表示为

$$V = \lambda sd + b$$

其中，λsd 为间接网络收益 $\lambda, d \in (0,1)$；b 为常数。随着用户对子网的需求强度的增大，垂直兼容子网数量及其开放度势必随之增长，用户对子网的需求强度 d 不断接近于 1，子网开放度不断接近于开放度上限值，间接网络效应将随子网数量的增加而增加。与直接网络不同，直接网络中平行兼容子网规模和开放度的扩大，从一定程度上会制约间接网络中垂直兼容子网的发展，影响二级子网用户的利益。因此，在智能生产与服务网络体系中新型产业创新平台体系内，间接网络中垂直兼容子网络规模及其开放度的适当增大，可以促进用户收益的增长。

三、双边网络效应原理

双边网络效应产生于智能生产与服务网络体系中新型产业创新平台下属子网络中相互联系的两个子网络。某子网络用户获得的收益取决于其能够吸引另一子

网络用户的数量。令子网络 i 和子网络 j 为智能生产与服务网络体系中新型产业创新平台下属两个相关的子网络，设两个子网络每位用户的收益函数分别为 U_i 和 U_j，两个子网络用户人数分别为 N_i 和 N_j，两个子网络每位用户从各自子网络中得到的收益分别为 M_i 和 M_j，两个子网络每位用户在每次互动或交易中获得的收益分别为 b_i 和 b_j，本子网对另一子网开放度分别为 λ_i 和 λ_j（可用本子网络参与另一子网络互动的用户数量占另一子网络所有用户总数之比来表示）。

子网络i上每位用户收益函数可以表示为

$$U_i = \lambda_i N_j b_i + M_i$$

子网络 j 上每位用户收益函数可以表示为

$$U_j = \lambda_j N_i b_j + M_j$$

其中，$\lambda_i N_j b_i$ 表示子网络 i 用户从子网络 j 中获得的收益；$\lambda_j N_i b_j$ 表示子网络 j 用户从子网络i中获得的收益。对方子网络对本方子网络开放度越大，本方子网络获利越多。一般来说，开放度是相互的，当对方开放度增加时，对方子网络用户的利益将受到削减，因此本方也需要增加开放度，以保障对方子网络利益。双边网络效应的根本就是网络体系合作，相互开放时的利益总和大于单独经营时的利益加总。开放是有必要的，但前提是开放度一定要在本方可控范围之内。

第六节　本 章 小 结

智能生产与服务网络体系中新型产业创新平台以子网络模块并联主干网的拓扑结构为网络载体，整合研发、生产、服务于一体。网络安全是新型产业创新平台网络体系的重大问题。设计和建设新型产业创新平台网络界壳套是保障新型产业创新平台网络安全的根本举措。界壳套对新型产业创新平台网络体系的护卫程度，须视平台效率和平台安全需要而定。通过合理设置智能生产与服务网络体系中新型产业创新平台网络及其内部子网络的开放度，可用调控新型产业创新平台体系的创新效率、安全程度和网络效应，实现体系利益最大化。智能生产与服务网络体系中新型产业创新平台建设，是未来现代智能产业体系建设的关键所在。智能生产与服务网络体系中新型产业创新平台网络效应的扩大，会带来价值量指数级增长。智能生产与服务网络体系中新型产业创新平台战略的实施，将开创一种全新的产业合作模式，将从根本上推动我国传统产业中高端化转型，推动产业链提档升级。

本章借鉴界壳理论和泛系理论，从理论上解决了智能生产与服务网络体系中新型产业创新平台网络界壳套设计、界壳开放度观控的问题，并讨论了在一定开放度下，新型产业创新平台的网络效应。本章内容是对产业经济理论、产业系统理论和网络经济理论的交叉领域的新尝试。

参 考 文 献

[1] 谭清美，房银海，王斌. 智能生产与服务网络条件下产业创新平台存在形式研究[J]. 科技进步与对策，2015，（23）：62-66.

[2] 谭清美. 产业互联网中的智能产业元[N]. 中国社会科学报，2016-09-21.

[3] 黄群. 德国 2020 高科技战略：创意・创新・增长[J]. 科技导报，2011，（8）：15-21.

[4] 姜启波，王斌，谭清美. 新型产业创新平台功能及其运行机制[J]. 现代经济探讨，2016，（11）：74-78.

[5] 王磊，谭清美，王斌. 传统产业高端化机制研究——基于智能生产与服务网络体系[J]. 软科学，2016，（11）：1-4.

[6] 王磊，谭清美. 智能生产与服务网络条件下产业创新平台战略地图研究[J]. 科技进步与对策，2017，34（1）：53-58.

[7] 王磊，谭清美. 智能生产与服务网络条件下产业创新平台的利润分配机制——基于灰数运算的 Shapley 值模型[J]. 科技管理研究，2017，（5）：198-202.

[8] 曹鸿兴. 界壳理论与科技发展[J]. 世界科技研究与发展，1995，（4）：35-36.

[9] 吴学谋. 泛系理论与数学方法[M]. 南京：江苏教育出版社，1990.

第十二章　智能生产与服务网络体系中新型产业创新平台战略地图

第一节　引　　言

如今，全球产业一体化的进程正随着“工业 4.0”和“互联网+”的发展而进一步深化。传统产业也必将交融于全球一体化的产业网络体系之中，并被迫实现转型升级。这也为我国传统产业高端化提供了新的发展途径和方式。国务院出台了《中国制造 2025》，明确提出“大力发展先进制造业，改造提升传统产业……走提质增效的发展道路”。在我国，虽然数字信息和互联网技术在信息服务和电子商务等服务性行业，得到较为广泛应用；但在与制造业深度融合方面，与欧美国家相比，还存在很大差距。

国内许正中和高常水等提出“产业创新平台”概念[1]，认为产业创新平台是创新要素集成并引起产业变革，导致创新成果外溢及产业化的系统性形态。王斌和谭清美等认为，产业创新平台是由产业关键科学技术决定的产业链（网）上相关群体构成的自适应系统[2]。相较于传统产学研合作的松散性，产业创新平台利用一系列内外部联结机制将各创新主体有效联结，使各创新主体在平台内整合、配置与共享创新资源，从而实现产业共性技术和关键技术的突破，并分享技术转移或产业化所带来的收益。谭清美等认为，产业创新平台的主要性质是知识性、公共性、动态性、开放性[3]。我国关于产业创新平台的研究范围不断拓展。在军民融合发展的背景下，“军民融合产业创新平台”的概念应运而生。谭清美等认为，军民融合产业创新平台除了具备上述一般产业创新平台的性质和特征外，更具有军事功能，因此其公共性和规制化更为明显[4]。

针对我国传统产业，特别是传统制造业，处于产业链和价值链低端等现象，我国学者提出建设智能生产与服务网络体系中新型产业创新平台，以期推动统制造业高端化[5, 6]。新型产业创新平台不仅注重技术创新，更注重通过信息物理系统和物联网及服务系统的深度融合，升级传统制造业生产与服务模式。因此，如何规划智能生产与服务网络体系中新型产业创新平台的发展战略，是一个热点研究问题。

第二节 智能生产与服务网络体系中新型产业创新平台战略地图设计

一、智能生产与服务网络体系中新型产业创新平台战略影响要素

第一，智能生产与服务网络体系中新型产业创新平台是“新常态”下传统制造业技术创新的“引擎”。我国经济正逐步转向“新常态”发展，我国产业结构调整、落后产能淘汰、传统产业升级将进一步深入。在“新常态”下，新型产业创新平台利用改革的契机可以为传统产业聚集和提供一批创新人才，推动产业技术创新。新型产业创新平台以市场需求为导向，向生产者提供产品创新、生产工艺创新、管理模式创新等所需知识、技术等要素，推动产业创新实现和生产效率提高。新型产业创新平台能够适时有效地架起创新成果向传统制造业转化的桥梁，为传统制造业高端化转型和升级提供不可或缺的共性技术与核心技术。

第二，新型产业创新平台利用信息物理系统聚集功能各异的单位，形成智能生产与服务体系。新型产业创新平台的建设是一项较大的系统工程，需要利用信息物理系统聚集包括政府部门、高等院校、科研院所、金融机构、生产企业、服务单位等在内的诸多单位或机构，形成智能生产和网络化分布式生产的智能生产体系。新型产业创新平台应该由政府职能部门牵头建设并设置一定的规制体系。政府在建设平台之初，需要给予参与建设的单位一定的支持，包括资金、政策等。智能生产与服务网络体系中新型产业创新平台取代传统封闭性的制造系统，改变传统制造业生产管理模式，使组织的管理模式由集中控制向分散控制转变，建立灵活性强的数字化、个性化生产管理模式。

第三，新型产业创新平台利用物联网及服务系统搭建服务单位与生产单位的桥梁，形成服务网络体系。物联网及服务网体系以互联网为载体，与信息物理系统互联互通，形成物联网、服务网、数据网一体化网络，取代以往较为封闭的生产服务系统。智能生产与服务网络体系中新型产业创新平台的创新技术若要实现成果转化，需要生产性服务单位的支持。生产性服务技术包括生产物流管理、中

试孵化技术、人机互动、3D（three dimensional）技术等；这些技术须通过物联网及服务网体系，应用于创新成果转化和生产服务之中。智能生产与服务网络体系中新型产业创新平台通过改变传统生产性服务模式，显著降低生产企业的创新成本和创新风险。

第四，新型产业创新平台依托信息物理系统和物联网及服务系统建立新的合作运行机制。新型产业创新平台主导者通过信息物理系统和物联网及服务系统与平台内子体系（科技支撑体系、生产与服务组织体系、信息感知与传输体系、基础设施体系、平台规制体系）发生联系。平台规制体系通过信息感知与传输体系对平台内各单位进行有效规制，使平台按照规制有序运行。信息感知与传输体系则是以信息物理系统为技术支撑，与其他平台子体系进行信息、元素交互，特别是与科技支撑体系的互动。新型产业创新平台中企业单位通过有效规制，利用信息感知与传输体系与物联网及服务系统进行信息、元素的交互，并根据信息反馈，升级产品、完善服务。

第五，新型产业创新平台内各单位存在多方合作关系，利益协调机制复杂。智能生产与服务网络体系以信息物理系统和物联网及服务系统为基础，通过互联网与制造业深度融合，涉及生产、服务、研发、销售等诸多环节的产业间合作。科研机构为生产企业提供创新生产技术，为服务单位提供创新管理手段；服务单位为生产企业和科研单位提供新型生产性服务和新型技术性服务；生产企业为市场提供创新产品。合作期间，创新产品的市场价格和预期收益，均为不确定值；并且创新研发周期较长。因此，新型产业创新平台利益协调机制须具有时效性及客观性。

二、智能生产与服务网络体系中产业创新平台战略地图设计的特殊性

战略地图是由平衡计分卡理论发展而来。平衡计分卡是一种新型业绩衡量系统，从财务、客户、内部运营、学习与成长四个层面，将战略量化为可衡量的指标、目标值，保证战略得以有效执行。卡普兰和诺顿在平衡计分卡理论基础上，升华出战略地图的思想，在平衡计分卡四个层面模型上增加了细节（detail）层和颗粒（granularity）层用于描述战略[7]。战略地图内的战略指标不是四个孤立层面的业绩指标，而是平衡计分卡四个层面目标之间的一系列因果关系。或者说，战略地图是为这些因果关系创建一个通用的表示方法。自战略地图问世以来，已经有许多大型企业、国家机构将其运用于制定自己的发展战略。

通常，战略地图大多以商业企业为对象；战略制定者从财务、客户、内部运作、学习与成长四个层面绘制战略地图。智能生产与服务网络体系中新型产业创

新平台是一个多机构、多单位的复杂系统，不仅包括商业企业，还包括科研机构等事业单位及具有规制功能的政府部门。这些行为主体以信息物理系统和物联网及服务系统为“纽带”，形成智能生产与服务网络系统。新型产业创新平台在形式上比商业企业复杂，业务上比商业企业多样，管理模式上比商业企业高端。另外，由于新型产业创新平台具有公共性，政府职能往往在其中起到主导作用；在平台发展初始阶段往往依靠政府的政策优惠、平台内单位资金支持等。因此，通用的企业模式战略地图不完全适合于智能生产与服务网络体系中产业创新平台发展战略。例如，商业企业战略地图中，财务目标是增加股东价值，处于最顶层。然而，智能生产与服务网络体系中新型产业创新平台由多行为主体（多单位）聚集而成，平台内各行为主体希望借助平台的创新作用实现自身利益的增长；至于平台整体最终能创造多少经济利益并不受到各行为主体的关注，因此平台财务目标处于战略地图最底层。智能生产与服务网络体系中新型产业创新平台战略地图设计与商业企业战略地图设计是不同的，这是由前者的性质和特征决定的。规划新型产业创新平台发展战略，需要绘制与之对应的战略地图。商业企业与新型兴产业创新平台战略地图区别如图 12-1 所示。

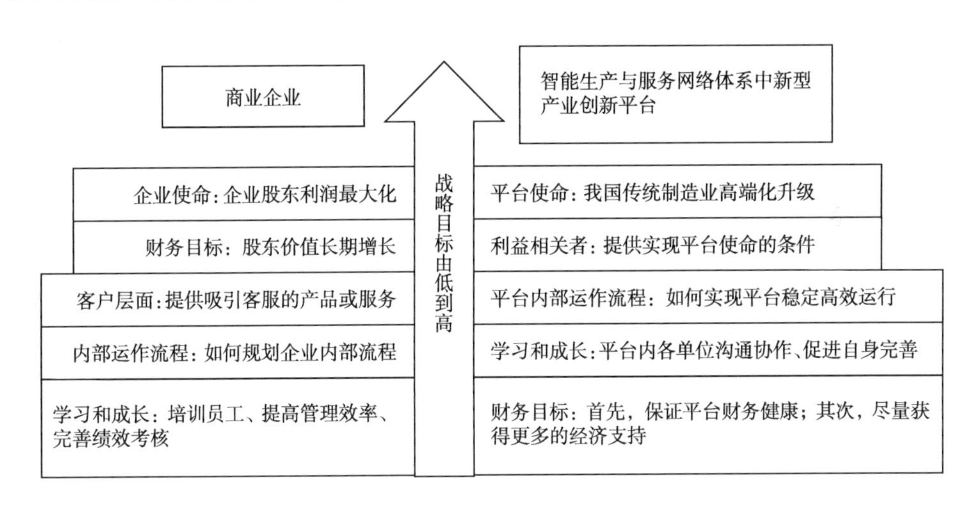

图 12-1　商业企业与新型产业创新平台战略地图区别

第三节　智能生产与服务网络体系中新型产业创新平台战略地图绘制

智能生产与服务网络体系中新型产业创新平台战略地图核心内容包括：依托

高校、科研院所获得科研经费进行创新研发、人才培养；依托生产企业资金投入进行创新成果转化；依托政府财政进行平台建设；确保平台内部业务流程有序进行，满足平台各单位利益需求，实现“平台使命”。其中，“平台使命”是为我国制造业企业提供技术创新支撑，推动我国传统制造业高端化转型，促进我国产业结构合理化、高端化。本节主要内容是从战略地图理论的利益相关者层面、内部运作流程层面、学习与成长层面、财务层面绘制基于智能生产与服务网络体系的新型产业创新平台战略地图。

一、新型产业创新平台利益相关者层面战略地图

基于智能生产与服务网络体系的新型产业创新平台利益相关者大致包含三类单位：一是创新研发机构，二是制造业企业，三是生产性服务单位。新型产业创新平台利益相关者层面战略地图，如图 12-2 所示。

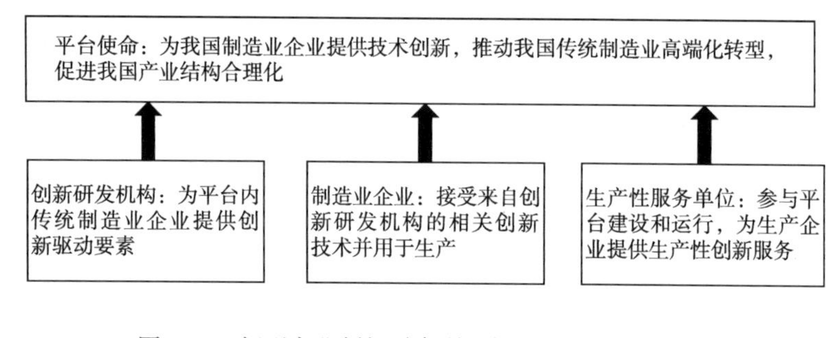

图 12-2 新型产业创新平台利益相关者层面战略地图

新型产业创新平台内创新研发机构是平台创新元素的来源，为平台内传统制造业企业提供创新驱动要素，促进区域经济发展和产业结构升级。新型产业创新平台内制造业企业接受来自创新研发机构的相关创新技术并用于生产，是创新元素的接受方。新型产业创新平台内生产性服务单位是平台建设和运行不可或缺的参与者，为平台内生产企业提供生产性创新服务。

二、新型产业创新平台内部运作流程层面战略地图

智能生产与服务网络体系的新型产业创新平台内部运作流程包括：加强平台研发、生产、服务等能力建设，使平台处于良性循环的发展中，并助生产企业实现技术创新。新型产业创新平台内部运作流程层面战略地图，如图 12-3 所示。

内部运作流程层面		
研发能力建设	生产能力建设	服务能力建设
依托高校、科研院所，获得科研课题、专利、知识产权等。吸收高校、科研院所培养的相关技术、管理人才	利用平台研发能力，提高生产效率，提高生产工艺水平，增强企业孵化和培育能力，以及成果转化能力	利用平台中物联网及服务网体系，建立完善的信息网络，对接生产企业所需的生产性服务

图 12-3　新型产业创新平台内部运作流程层面战略地图

研发能力建设主要依托高校、科研院所，获得科研课题、专利、知识产权等无形资产，以及吸收高校、科研院所培养的相关技术、管理人才。生产能力建设包括利用平台研发能力，提高生产效率，提高生产工艺水平，增强企业孵化和培育能力，以及成果转化能力。随着制造业生产能力的提升，所需要的服务势必会多样化。服务能力建设可以利用平台中物联网及服务网体系，建立完善的信息网络，对接生产企业所需的生产性服务。

三、新型产业创新平台学习与成长层面战略地图

学习与成长层面是基于智能生产与服务网络体系的新型产业创新平台发展战略之根本。学习与成长层面包括新型产业创新平台的体制机制建设、人才队伍建设、网络信息系统建设，如图 12-4 所示。

学习与成长层面		
体制机制建设	人才队伍建设	网络信息系统建设
科研体制建设 规制体系建设 技术共享机制建设	创新团队组建机制建设 人才引进机制建设	信息物理体系建设 物联网及服务系统建设 信息数据库建设 网络界壳建设

图 12-4　新型产业创新平台学习与成长层面战略地图

体制机制建设包括科研体制建设、规制体系建设、技术共享机制建设。科研

体制建设依托高校、科研院所的研发能力，将其创新成果引进到平台中，服务于平台内生产企业。规制体系建设包括制定平台的一系列规章制度、奖惩机制、考核机制等。规制体系的作用是保障平台稳定运行，保障平台内各主体单位的权益。技术共享机制建设主要在于建设科研单位与企业单位之间共性技术、核心技术的交易机制。其中，包括一些免费的共性技术共享，也包括个别共性技术和大部分核心技术的交易。

人才队伍建设包括创新团队组建机制和人才引进机制的建设。一般是先通过人才引进机制进入平台，再通过创新团队组建机制组成创新团队。人才引进包括来自不同高校、科研院所、企业研发部门、民营研发中心的技术性人才。创新团队还包括生产一线人员、团队管理者、产品试用者等。需要注意，创新团队须以适当方式吸纳基层人员；如果不吸收基层人员的意见，创新成果可能会存在“不接地气”现象。

网络信息系统建设是新型产业创新平台建设的基础，网络体系是整个平台的载体，因此新型产业创新平台必须建设完善的智能生产与服务网络体系。包括“信息物理系统”和“物联网及服务系统”的建设，以及平台内各单位信息数据库的建设。此外，要建设网络体系的界壳系统，以保证网络系统的信息安全。

四、新型产业创新平台财务层面战略地图

在总体战略地图中，财务层面位于基于智能生产与服务网络体系的新型产业创新平台战略地图最底层。新型产业创新平台由政府指导建设，服务于创业、创新和产业发展，具有一定的公共性和非排他性，在一定程度上不以营利为目的。但新型产业创新平台的运行离不开财务，所以平台财务的自给自足十分必要。财务层面战略包括生产率战略和增长战略，如图 12-5 所示。

财务层面	
生产率战略： 保证平台财务长期健康	增长战略： 保证平台长期收入增长
提高科研经费使用效率 保证创新研发方面高水平投入	更多申请课题项目以获得更多科研经费 提升创新服务质量以获得更多收入

图 12-5　新型产业创新平台财务层面战略地图

生产率战略在于保证平台财务长期健康。其战略方向如下：高效使用科研经费，在创新研发方面保持较高投入，提供更多创新成果。增长战略在于保证平台长期收入增长。其战略方向如下：通过承接来自企业的创新需求，与科研单位进行研发合作，承担科研项目，获得收入，保障平台的资金来源。

五、新型产业创新平台整体战略地图绘制

基于战略地图理论，规划战略前必须事先确定战略实施主体的“战略使命”。通过前文的研究确定了基于智能生产与服务网络体系的新型产业创新平台的“战略使命”，即“平台使命”。“平台使命”将衔接新型产业创新平台战略地图的最顶层。

新型产业创新平台利益相关者层面，位于平台战略地图最顶层，是平台各参与主体单位最为关注的层面。未来平台各参与主体单位在自身战略发展选择或者制定自身战略地图时，需要与新型产业创新平台利益相关者层面的战略地图保持一致；同时，根据平台战略地图所规划的产业创新方向，规划如何消化来自平台的创新供给，以此规划自身未来创新发展方向及财务目标。

新型产业创新平台内部运作流程层面，位于平台战略地图第二层，是平台各参与主体单位之间协作的基础与规范。未来平台各参与主体单位需要基于平台内部运作流程层面战略地图，并结合自身战略发展的实际需要，进行研发能力建设、生产能力建设、服务能力建设的战略规划。

新型产业创新平台学习与成长层面，位于平台战略地图第三层，是“平台管理委员会”未来发展战略的重要行动指南。聚焦平台体制机制建设、人才队伍建设、网络信息系统建设。平台各参与主体单位可以结合新型产业创新平台学习与成长层面战略地图，根据自身战略发展需要，建设自己的组织管理机制、人才队伍、基础设施等。

新型产业创新平台财务层面，位于平台战略地图最底层，是“平台管理委员会”未来财务管理的行动指南。值得注意的是，平台财务层面与各平台参与主体单位的财务目标不同，平台属于政府指导建设的产业公共创新机构，其财务目标偏向管理，而非盈利。因此，新型产业创新平台财务层面只需保障平台整体财务长期健康、平台长期收入稳定增长即可。至于新型产业创新平台财务增长指标、幅度和数量，无须过多关注。

根据新型产业创新平台的“平台使命”，以及新型产业创新平台四个层面战略地图内容和位置分布，可以组成新型产业创新平台整体战略地图，如图 12-6 所示。

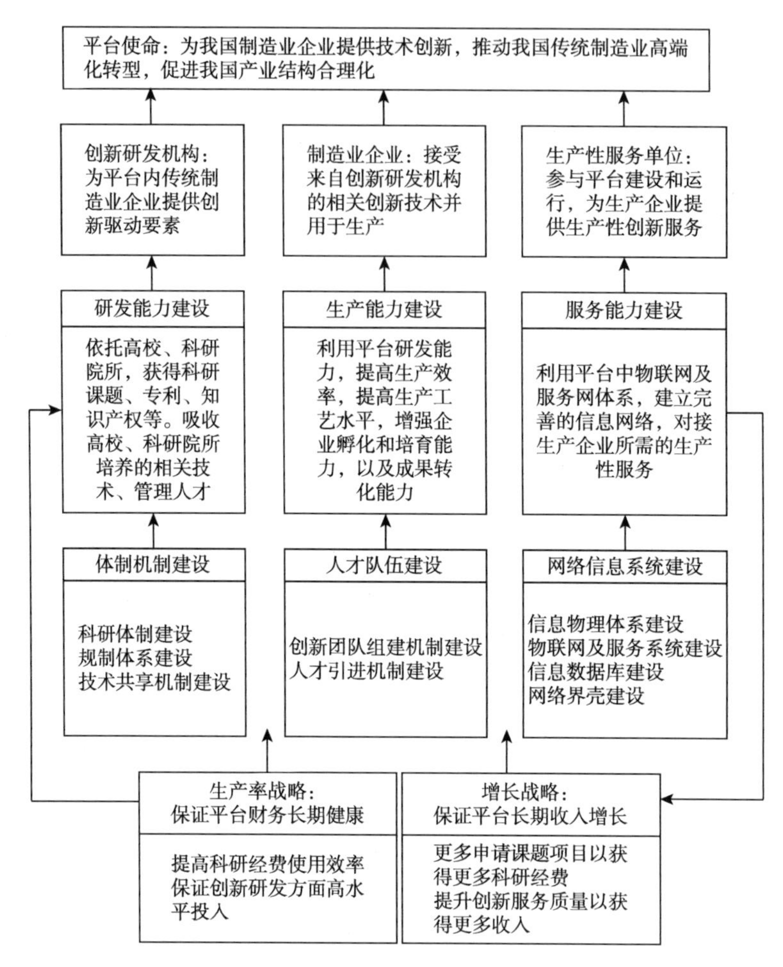

图 12-6 基于智能生产与服务网络体系的新型产业创新平台战略地图

第四节 新型产业创新平台战略评价体系和潜在风险

一、新型产业创新平台战略评价指标体系

战略地图由平衡计分卡升级演化而来，因此，新型产业创新平台战略地图除了描绘平台战略发展规划之外，还需要将战略地图上的战略重点或主题转化为具体的目标及对应的衡量指标和方式，从而真正实现战略落地，有效地指导组织战略的执行。基于此，需要建立一套评价指标体系，以保障新型产业创新平台未来战略发展的效率、规范。评价指标体系需要反映新型产业创新平台内产学研合作

的创新度、紧密度；同时也需要反映新型产业创新平台建设的外围环境要素完善程度。例如，政策环境、中介机构服务水平、基础设施水平、人文环境等。评价新型产业创新平台总体运行效果，需要从其内部子体系着手，考察投入、产出、体制、机制、环境、要素等因素。

根据新型产业创新平台战略地图的四个层面结构，本节从平台的以下四个方面构建指标体系，即创新研发层面、平台环境层面、外界支持层面、创新成果产业化层面。创新研发层面是新型产业创新平台保证战略发展的核心；平台环境层面和外界支持层面是新型产业创新平台战略的物质、政策、服务等要素支撑；创新成果产业化层面是新型产业创新平台战略的发展目标和发展动力。具体指标详见表 12-1。

表 12-1　新型产业创新平台战略发展评价指标

一级评价指标	二级评价指标
创新研发层面指标（X_1）	可用创新要素、设备等共享度（相互使用次数）（X_{11}）
	研发合作全时当量（X_{12}）
	核心研发人员数量（X_{13}）
	科研要素资产总额（X_{14}）
	科研资金相互投入比例（X_{15}）
平台环境层面指标（X_2）	研发基础设施投资总额（X_{21}）
	科研培训全时当量（X_{22}）
	信息网络建设完善度（X_{23}）
	政府规制体系完善度（X_{24}）
	人文环境完善度（X_{25}）
	激励制度完善度（X_{26}）
	平台协议内容完善度（X_{27}）
外界支持层面指标（X_3）	外来资金支撑比例（X_{31}）
	中介服务机构数量（X_{32}）
	政府财税优惠幅度（X_{33}）
创新成果产业化层面指标（X_4）	技术成交总额（X_{41}）
	中试基地数量及规模（X_{42}）
	创新技术成果受益者数量（X_{43}）
	创新技术成果产业转化总值（X_{44}）

完整的指标体系包含每一个指标的权重。设置指标体系权重一般采用专家打分法，即邀请业内权威专家若干名，为评价指标的重要性打分，综合各指标得分情况，为其设置权重，权重具有平均性质。具体步骤如下。

首先，根据各级评价指标的得分，计算均值，包括各一级评价指标均值 $\overline{X_a}$，各二级评价指标均值 $\overline{X_{ab}}$，以及总得分均值 $\bar{X}$。其中，a 表示一级评价指标序数，b 表示与一级评价指标对应的二级评价指标序数。

其次，令 $C_a = \overline{X_a}/\bar{X}$ 并计算对应 C 值。

再次，为方便计算，规定专家打分为百分制，则四个一级评价指标平均满分各为 25，实际得分为 $Q_a = 25C_a$。同理，各二级指标实际得分值为 $Q_{ab} = \left(\frac{Q_a}{b}\right)\left(\frac{\overline{X_{ab}}}{\overline{X_a}}\right)$，以上得分结果均取整数。

最后，得出一级评价指标得分权重：

$$\varpi_a = \frac{Q_a}{100} \times 100\%$$

二级评价指标得分权重：

$$\varpi_{ab} = \frac{Q_{ab}}{Q_a} \times 100\%$$

专家打分制的指标权重设定，主观成分很大。但就目前而言，基于智能生产与服务网络体系的新型产业创新平台尚处于研究阶段，政府主导下的新型产业创新平台建设，在初期只能通过主观经验，提前确定一套平台战略发展指标及其权重。随着新型产业创新平台的建成并投入运行，相应的战略指标及其权重会随平台实际运行情况而变化。未来“平台管理委员会”需要结合平台战略实际发展情况，不断调整和完善相关指标及其权重，从而使相关指标及其权重越来越能够反映平台整体发展情况和绩效。

二、新型产业创新平台潜在战略风险

当新型产业创新平台内部发生创新流程的严重失误时，会产生一定程度的战略风险。这是战略地图理论中所没有涉及的层面。罗伯特·西蒙将战略风险的来源和构成分成四个部分：运营风险、资产损伤风险、竞争风险、商誉风险。对应在新型产业创新平台中，如果是创新决策失误、市场方向把握失误等造成的潜在风险，则平台运营风险上升为战略风险；如果是平台的财务状况、知识产权状况、资产状况等严重退化造成的潜在风险，则平台资产损伤风险上升为战略风险；如果是平台创新产品、技术、服务等能力下降导致竞争能力不足，则竞争风险上升为战略风险；运营风险、资产损伤风险、竞争风险的综合结果导致的风险，会使整个平台失去创新功能和创新价值，即商誉风险。

在新型产业创新平台总体战略地图确定后，战略制定阶段即可过渡到战略执行阶段。在战略执行阶段，由于平台内各单位独立运作，执行能力良莠不齐，如果某一单位或某一环节出现失误，战略风险带来的损失会波及整个平台。然而，战略地图对执行阶段可能发生的战略风险无法精确预见，所以战略地图不能对战略风险进行有效规避。本节按罗伯特·西蒙的战略风险管理方法，列举了新型产业创新平台可能发生的战略风险，及其对应的风险来源和失误环节，如

表 12-2 所示。

表 12-2　新型产业创新平台潜在战略风险

战略风险	风险来源	失误环节
运营风险	相关政府部门（平台管理委员会）、创新研发机构（高校、科研院所）	创新决策失误、市场方向把握失误等
资产损伤风险	生产企业、创新研发机构	财务、知识产权、资产等状况严重退化
竞争风险	生产企业、创新研发机构、服务机构	创新产品、技术、服务等能力下降
商誉风险	平台内任何单位	以上环节综合而成

基于智能生产与服务网络体系的新型产业创新平台战略地图，可以清晰规划平台未来促进产业创新的路径、方法、目标等。然而，新型产业创新平台内部各创新参与主体单元相互独立，合作与竞争并存，可能导致创新效果不显著、合作联盟不牢固的潜在风险，平台未来发展是否能够按照战略地图规划的目标顺利实施？有待在实践中进一步规避战略风险。

第五节　本 章 小 结

本章主要探讨了基于智能生产与服务网络体系的新型产业创新平台促进产业中高端化战略地图。首先，分析了新型产业创新平台的战略目标，基于战略地图理论，确定“平台使命”，并通过平台的利益相关者、平台内部运行流程、学习和成长、财务目标四个维度绘制其战略地图。其次，以战略地图的前身——平衡计分卡为模板，设计一系列战略评价指标，并给出指标权重确定方法。以此作为新型产业创新平台战略执行的依据和标准。由于战略地图不能反映战略风险，本章通过战略风险管理的方法，从运营风险、资产损伤风险、竞争风险和商誉风险四个层面，探索新型产业创新平台潜在战略风险，并找出与之对应的风险来源和失误环节。以此警示平台未来发展所需注意的风险环节。

参 考 文 献

[1] 许正中，高常水. 产业创新平台与先导产业集群：一种区域协调发展模式[J]. 经济体制改革，2010，（4）：136-140.

[2] 王斌，谭清美. 产业创新平台建设研究——基于组织、环境、规制及外围支撑的视角[J]. 现

代经济探讨，2013，（9）：44-48.

[3] 谭清美，房银海，王斌. 智能生产与服务网络条件下产业创新平台存在形式研究[J]. 科技进步与对策，2015，（23）：62-66.

[4] 谭清美，王斌，王子龙. 军民融合产业创新平台及其运行机制研究[J]. 现代经济探讨，2014，（10）：62-64.

[5] 夏后学，谭清美，王斌. 装备制造业高端化的新型产业创新平台研究——智能生产与服务网络视角[J]. 科研管理，2017，38（12）：1-10.

[6] 王磊，谭清美，王斌. 传统产业高端化机制研究——基于智能生产与服务网络体系[J]. 软科学，2016，30（11）：1-4.

[7] 卡普兰 R，诺顿 D. 战略地图——化无形资产为有形成果[M]. 刘俊勇，孙薇译. 广州：广东经济出版社，2007.

后　　记

智能生产与服务网络体系研究缘起2015年谭清美教授主持的国家社会科学基金一般项目“智能生产与服务网络体系中军民融合产业创新平台及其供给战略”（编号 15BGL029，已结项）。随着“工业 4.0”、“互联网+”和“中国制造2025”战略逐步深化，人工智能、大数据、区块链等技术迭代演变，笔者及其领衔团队在既往课题基础上，就“智能生产与服务网络体系”“智能产业元”“新型产业创新平台”等关联主题，交叉融通多学科理论与方法，不断深化和拓展相关研究。目前，笔者正在主持国家社会科学基金重点项目“智能生产与服务网络体系中军民融合产业联盟运行机制研究”（编号 19AGL003）。系列研究成果一脉相承，对实现技术融合、价值链攀升、功能拓展等新时代高质量发展目标具有启示意义。

在课题研究中，得到了国家社会科学基金、江苏省社会科学基金等项目资助。在此，向全国哲学社会科学工作办公室、江苏省哲学社会科学规划办公室等表示感谢。本书注意借鉴国内外优秀成果，广泛听取了专家学者和师生代表的意见和建议，在此一并致谢。同时，感谢南京航空航天大学、江苏省国防科学技术工业办公室、科学出版社对本书出版的大力支持。

由于笔者水平有限，书中不足之处在所难免。敬请读者提出宝贵意见，以便进一步完善。

谭清美

2020 年 4 月